农业栽培技术与畜牧业发展

魏　航　陈　玲　梁文娟　著

吉林科学技术出版社

图书在版编目（CIP）数据

农业栽培技术与畜牧业发展 / 魏航，陈玲，梁文娟著. -- 长春 : 吉林科学技术出版社，2022.8
ISBN 978-7-5578-9454-2

Ⅰ. ①农… Ⅱ. ①魏… ②陈… ③梁… Ⅲ. ①栽培技术—研究—中国②畜牧业—产业发展—研究—中国 Ⅳ. ① S31 ② F326.3

中国版本图书馆 CIP 数据核字 (2022) 第 116005 号

农业栽培技术与畜牧业发展

著　　魏　航　陈　玲　梁文娟
出 版 人　宛　霞
责任编辑　管思梦
封面设计　刘梦杳
制　　版　刘梦杳
幅面尺寸　185mm × 260mm
开　　本　16
字　　数　210 千字
印　　张　12.25
印　　数　1–1500 册
版　　次　2023年1月第1版
印　　次　2023年1月第1次印刷

出　　版　吉林科学技术出版社
发　　行　吉林科学技术出版社
地　　址　长春市南关区福祉大路5788号出版大厦A座
邮　　编　130118
发行部电话/传真　0431-81629529　81629530　81629531
81629532　81629533　81629534
储运部电话　0431-86059116
编辑部电话　0431-81629510
印　　刷　廊坊市印艺阁数字科技有限公司

书　　号　ISBN 978-7-5578-9454-2
定　　价　68.00 元

前 言

农业被视为直接利用自然资源进行生产的基础产业，农业经济的可持续发展对农业生产的发展起着重要的作用。近年来，随着农业栽培技术的不断应用与推广，我国农业经济呈现了良好的发展态势。农业技术推广属于一项科学研究，对其科技成果转化为相应的生产力提供了非常重要的保证，促进了农业现代化的发展，增加了农业总产值及农业收入，使得农民生活条件得以改善。只有把农业科技成果在农业实践中更好地应用，才可以促进农业的快速发展。为保证我国农业的稳定发展，必须根据当地农业的实际情况，积极采取有效措施，充分利用传统农业的精华和现代科技研究成果，大力推进循环经济的发展，树立发展农业的新理念，改进农业生产方式，增强先进生产意识，营造良好的创新环境。

我国畜牧业现代化也逐渐起步并不断发展。当前畜牧业现代化发展过程与当前的科学技术进步有着密切的联系。如果想更好地加强畜牧业现代化发展路径，一定要对其进行全面的认识，从而更好地研究畜牧业的发展，让现代化的科学技术水平与畜牧业相结合。随着我国社会经济的稳健发展，虽然国内对畜牧业产品的需求相对稳定，但在畜牧业现代化中，土地使用成本，劳动成本，饲料成本都在上升，且在进出口市场中，与国外同类产品相比，中国大部分畜产品的成本并没有占据优势。尤其是在近些年，国内牛奶和猪肉的生产成本比国际市场的价格要高得多，对于农产品及畜牧产品来说，我们应多使用中国所提供的产品，在国家粮食供应安全需求的前提下发展好畜牧业。

目 录

第一章　蔬菜栽培技术

第一节　蔬菜灌溉施肥技术

一、蔬菜灌溉施肥技术的优缺点及要求

目前大部分蔬菜产区的水肥方式主要是大水畦灌、随水冲肥，特别是在黄瓜等果菜类蔬菜的生产中几乎都是采用水肥的冲肥方法。这种方法不仅会造成水肥资源浪费，还会导致土壤板结、氮素养分向深层土壤淋失等后果。

灌溉施肥是将施肥与灌溉结合起来的一种新的农业技术。灌溉可以与施肥结合，可溶性的农药、除草剂、土壤消毒剂都可以借助灌溉系统实施。随着人们对蔬菜品质要求的提高，绿色、有机蔬菜生产将是我国蔬菜产业发展的必然方向。水肥一体化技术（灌溉施肥）将是今后蔬菜水肥综合管理的重要方面。

灌溉施肥是指肥料随同灌溉水进入田间的过程，是施肥技术和灌溉技术相结合的一项新技术，是精确施肥与精确灌溉相结合的产物。灌溉施肥需要一定的设备，不同灌溉方式系统组成有所区别，能与施肥结合的灌溉系统有滴灌、微灌、涌泉灌和渗灌四种，常用的是滴灌施肥。采用灌溉施肥技术，可以很方便地调节灌溉水中营养物质的数量和浓度，使其与植物的需要和气候条件相适应，定量供给作物水分和养分，维持土壤适宜水分和养分浓度。

按照控制养分方式的不同，灌溉施肥可分为两大类：按比例供肥和定量供肥。按比例供肥的特点是以恒定的养分比例向灌溉水中供肥，也就是灌溉施肥过程中肥料养分的浓度恒定，保持不变，供肥速率与滴灌速率成比例。施肥量一般

用灌溉水的养分浓度表示。按比例供肥系统价格昂贵，但可以实现精确施肥，主要用于轻质和沙质等保肥能力差的土壤，灌溉施肥系统控制面积较大而无法划分为较小轮灌分区的情况。定量供肥又称为总量控制，其特点是整个施肥过程中养分浓度是变化的，通常随着灌溉施肥时间的延长，肥料养分浓度越来越低，最后趋于零。施肥量一般用千克/公顷表示。定量供肥系统投入较小、操作简单，但不能实现精确施肥，适用于保肥能力较强的土壤。在灌溉施肥系统控制面积较大时，定量供肥会造成施肥不均匀。

（一）灌溉施肥技术的优缺点

1.灌溉施肥的优点

（1）水分和肥料利用率高

滴灌以很高的灌水和施肥均匀度，按作物的需水需肥规律将水肥供应到作物根系范围的土壤中。灌溉水完全通过管网输送，不存在送水过程中的水资源损失。在滴灌条件下，灌溉水只湿润部分土壤表面，可有效减少土壤水分的无效蒸发。设计良好的滴灌系统或地下滴灌系统，不产生水分的地表径流，深层入渗量极少，地表蒸发大幅度下降，且非常省水，从而提高了水分的利用率。灌溉水的利用率可达95%。滴灌施肥在保护地蔬菜栽培条件下，灌水量减少30%～40%。灌溉施肥，水肥被直接输送到根区土壤，可提高养分的有效性，充分保证养分的有效供给和根系的快速吸收。同时由于水分养分的定量供给，减少了养分向根区以下土层的淋失，既提高了化肥利用率，又节省了化肥。滴灌施肥与沟灌冲肥相比，节省化肥35%～50%。

（2）有利于改善土壤理化性质

滴灌水缓慢均匀进入土壤中，对表层土壤结构破坏较小，基本保持表层土壤疏松状态，使得土壤孔隙率比沟灌高，通气性能好。微灌灌水均匀度可达80%～90%，克服了畦灌冲肥造成的土壤板结。滴灌灌水定额小，灌水后对地温和气温的影响必然也小，滴灌与畦灌相比地温高2～3℃。地温高，有利于增强土壤微生物活性，促进土壤养分转化和作物对养分的吸收。滴灌土壤通气性能好，易于通过空气流动吸收空气中的热量，从而使耕作层土壤保持较高的温度，促进蔬菜根系生长发育。所以，滴灌施肥作物初次采收时间比畦灌冲肥可提前7～11天。

（3）保护地灌溉施肥可降低环境湿度

滴灌系统采用管道输水，只湿润作物根际周围土壤，能减少土壤表面水分蒸发，降低空气湿度，抑制喜湿性病害（霜霉病、角斑病、真核病等）的发生，使保护地作物病虫害的发生率大大降低，减少打药次数，降低蔬菜的农药残留，保证蔬菜无公害。保护地滴灌施肥比畦灌冲肥空气相对湿度降低8.5%～15%，有利于改善棚内微环境。

（4）省时省力

灌溉施肥可大幅度节省时间和运输、劳动力及燃料等费用，特别对蔬菜和大棚内栽植的作物尤为明显。灌溉施肥水肥同步管理，可节省大量劳力。同时由于滴灌仅湿润作物根部附近土壤，其他区域土壤水分含量较低，因此，可防止杂草生长。

（5）有利于提高蔬菜的产量和品质

营养物质的数量和浓度，与植物的需要和气候条件相适应。由于滴灌能够及时适量供水、供肥，可以提高农作物产量和品质，经济效益高。滴灌施肥与习惯方法相比，蔬菜产量一般提高15%～30%，并且产品质量好。

2.灌溉施肥的缺点

肥料选择种类受限。只有液肥和可速溶性的化肥是适用的，使用其它类型的化肥会堵塞管道和滴头。

管理技术要求较高。系统管理不善，容易导致滴头堵塞。

设备维护技术和价格较高。设备的金属部分极易被肥料溶液腐蚀，应使用防锈材料保护设备的易腐蚀部件。

（二）灌溉施肥对肥料的要求

由于灌溉施肥要求养分随着灌水进入土壤，因此，对肥料有一定的要求。一般用于灌溉施肥的肥料应满足以下条件：溶液中养分浓度高，田间温度下完全溶于水，溶解迅速，流动性好，不会阻塞过滤器和滴头，能与其他肥料混合，与灌溉水的相互作用小，不会引起灌溉水酸度的剧烈变化，对控制中心和灌溉系统的腐蚀性小。但这些条件并不是绝对的，实际上只要在实践中切实可行的肥料都可使用。

常用作灌溉施肥的氮肥有硝酸铵、硝酸钾、尿素、氯化铵、硫酸铵以及各种含氮溶液；钾肥主要是氯化钾；磷肥有磷酸和磷酸：氢钾以及高纯度的磷酸铵，还有各种灌溉施肥专用复合肥。用于灌溉施肥的微量元素肥料，也应是水溶性的化合物。此外，在配制营养液或加工灌溉用肥时，还须考虑不同肥料混合后产物的溶解度大小，如果产物的溶解度太小，则容易产生沉淀，阻塞管路。例如，硝酸钙肥料可与任何硫酸盐形成硫酸钙沉淀。

二、蔬菜对水肥的需求

蔬菜品种很多，能够种植的蔬菜有200余种，其中大规模种植的蔬菜有50~60种。按其生物学特性和食用部位的不同，蔬菜大致可以被划分为叶菜类、茄果类、甘蓝类、瓜类、豆类、根菜类、葱蒜类、薯芋类、水生类和多年生蔬菜。不同蔬菜之间水肥的需求特点和水肥吸收规律差异很大，即使同一种蔬菜在不同的季节栽培，其水分和养分需求数量及吸收特性也会有很大差异。随着品种的不断更新和反季节栽培数量的不断增加，这种复杂程度也在不断增加。因此，蔬菜对灌溉施肥技术和种植水平要求不断提高。

（一）蔬菜的需水特点

各种蔬菜对水分要求的特性主要由吸收水分能力与消耗水量决定，一般根系强大，能从较大土壤体积中吸收水分的蔬菜，抗旱力强；叶面积大，组织柔嫩、蒸腾作用旺盛的蔬菜，抗旱力较弱。例如，苦瓜的根系强大，能吸收深层土壤水分，叶子虽大，但有裂刻或叶面生茸毛，或披蜡质，能减少水分蒸腾，耐旱力强，栽培中需水不多。例如，茄果类、多数豆类和根菜等蔬菜根系发达，叶面积稍小，组织较硬，且叶面常有茸毛，耗水量也较小，属吸收水分和消耗水分中等的蔬菜。白菜、甘蓝、黄瓜等速生蔬菜，根系入土不深，叶面积较大且组织柔嫩，要求较高的土壤湿度和空气湿度，栽培时宜选用保水力强的土壤，并须经常灌溉才能达到优质高产目的。葱蒜类蔬菜的叶子虽为筒状或带状，叶面积小，而且叶面披有蜡质，蒸腾作用小，但根系入土浅，根毛少，吸收弱，吸收水分范围也小，故耐旱力弱，要求上层土壤中具有足够水分。

1.蔬菜对水分需求分类

根据对水分的需要程度不同，蔬菜可被分为5个类型。

白菜类、绿叶蔬菜、瓜类中的黄瓜、根菜类中的小型萝卜：这类蔬菜属于水分消耗多、水分吸收力弱的类型。其叶面积较大，组织柔嫩，根系入土浅，生长和发育过程中要求较高的空气和土壤湿度，对水分需求量较大。栽培选地时要注意选择保水良好的土壤，并适时灌溉。这类蔬菜在湿润冷冻季节生长好，产量高，品质好。

瓜类（西瓜、香瓜、苦瓜等）蔬菜：这类蔬菜有的叶片大且有裂刻，叶面还有茸毛，可减少水分的蒸腾，并有发达的根系，入土深，可以吸收土壤底层水分，抗旱力强。有的茎叶繁茂，叶面积颇大，果大肉厚，消耗水分多，尤其坐果以后，果实迅速发育，需水更多，如持续干旱不及时灌溉，易形成畸形瓜。瓜类中丝瓜最耐潮湿，水淹后仍能继续生长。据测定，西瓜形成1克干物质蒸腾水量达700克，较一般蔬菜高。西瓜适宜阳光强烈的干热气候，叶片不表现打蔫现象，因为它的细胞原生质对缺水有较高的忍耐性，但仍要注意灌溉问题。

葱蒜类、多年生蔬菜中的芦笋等：这类蔬菜叶为筒状形、带状形，叶面积都很小，叶面蒸腾水分少，根系吸收力很弱，所以要求较高的土壤湿度，尤其是在食用器官形成阶段，更要保持土壤湿润。

茄果类、根菜类、豆类等蔬菜：叶面积较小，组织较硬，叶面常有茸毛，水分消耗量较少，吸收水分为中等类型。根系比白菜类发达，但不如西瓜和南瓜，故抗旱性能不强。豆类蔬菜比较耐旱，种子富含蛋白质，播种后水分过多，易腐烂丧失发芽力。因此，开花时水分要少，结荚后水分则要充足。

水生蔬菜：是消耗水分很快，吸收水分能力又很弱的蔬菜类型，如茭白、藕、荸荠等。植株整个或部分都要浸在水中才能生长。其茎叶柔嫩，在高温条件下蒸腾作用旺盛，根系不发达，根毛退化，故水分吸收力非常弱，要在保持一定水位的池塘或水田中生长。

2.根据蔬菜的特点选择灌溉方式

对于耐涝能力弱的蔬菜，如黄瓜、甘蓝、白菜等，必须采取小水轻浇，如滴灌法、浇灌法。对于耐涝能力较强的菜，如丝瓜、芹菜等，可采取用水量大的灌溉方式，如沟灌法、喷灌法。另外，还可以通过选择栽培地点的方法，达到既节水又提高灌溉效益的目的。如在水源充足的地方栽培耗水多的黄瓜、番茄和白菜等，而在水源缺少的半旱地种植耗水少的大葱、胡萝卜、辣椒等。

3.根据蔬菜的生育期选择灌溉方式

（1）种子发芽期

由于对土壤水分和空气要求都很高，所以苗床（或秧田）应当先浇水、后整地，使土壤又湿又松，以利出苗迅速整齐。幼苗期由于根系尚浅，叶片的保护组织尚未充分形成，必须充分保证供水，但为了照顾到发根对土壤空气的要求，浇水必须轻、勤。

（2）定植前一周

要注意控水炼苗，土壤偏干有利于发根和抑制叶面积扩大，促使茎叶糖分积累和保护组织的形成，有利于移植大田后较快地恢复生长。定植后要适量浇水，以利活棵，但浇水不可过多，以免因缺氧而烂根。

（3）旺盛生长期

植株逐渐长大，耗水量随之增多，对水分的需要量相应增加。例如，大白菜、甘蓝的莲座期，土豆的结薯初期，必须充分满足营养体生长对水分的需要，以形成足够的叶面积。

（4）产量形成期

瓜类、豆类的结果期，薯芋类的结薯盛期，大白菜、甘蓝、花椰菜的结球期，这时耗水量最多，若缺水则对蔬菜的产量和品质影响很大。供留种田或产品要贮藏的田块，收获前7～10天要适当控水，以提高贮藏性能。

（二）蔬菜需肥特点

1.蔬菜需肥量大

多数蔬菜由于生育期较短，复种茬数多，如大白菜、萝卜、冬瓜、番茄、黄瓜等产量常高达75吨/公顷以上，因此，蔬菜从土壤中带走的养分相当多，所以蔬菜的单位面积施肥量要比粮食作物多。同时，蔬菜为保持其收获期各器官都有较高的养分水平，需要较高的施肥水平，以满足其在较短时间内吸收较多养分。

2.蔬菜对一些养分的特殊需求

（1）蔬菜喜硝态氮

多数农作物能同时利用铵态氮和硝态氮，但蔬菜对硝态氮特别偏爱，铵态氮过量时则抑制钾和钙的吸收，使蔬菜作物生长受损，并会产生严重后果。一般硝态氮与铵态氮的比例为7：3较为适宜。有资料证明，当铵态氮（如碳铵或氯化铵）施用量超过50%时，洋葱产量就会显著下降，菠菜对铵态氮更敏感，在100%硝态氮条件下产量最高，多数蔬菜对不同态氮反应与洋葱、菠菜反应相似。因此，在蔬菜栽培中应注意控制铵态氮的适当比例，一般不宜超过氮肥总施肥量的1/4～1/3。

（2）蔬菜嗜钙

一般喜硝态氮（如硝酸钠或硝酸钙）作物吸钙量都高，有的蔬菜作物体内含钙可高达干重的2%～5%。蔬菜作物根系吸收能力较强，吸收二价钙比较多，比小麦高5倍多。出于蔬菜根部盐基代换量高，所以蔬菜作物钙和镁营养水平也高，蔬菜作物吸收钙量平均比小麦高5倍多，其中萝卜吸钙量比小麦多10倍，包菜高达25倍以上。盐基代换量高的作物，吸收二价的钙、镁离子多。因此，蔬菜上应施钙肥与镁肥。蔬菜常发生缺钙的生理病害，如白菜、甘蓝的心腐病（干烧心病），黄瓜、甜椒叶上的斑点病，番茄的脐腐病等。

（3）蔬菜含硼量高

蔬菜作物比禾本科作物吸硼量多，为几倍到几十倍。由于蔬菜作物体内不溶性硼含量高，硼在蔬菜体内再利用率低，易引起缺硼症。

另外，茄果类、瓜类、根菜类、结球叶菜等吸收的矿质元素中，钾素营养占第一位。

3.控制蔬菜根层水肥供应的必要性

与禾本科作物相比，蔬菜作物单位面积生物量大且复种指数高，对水肥的需要量相应也大。大多数蔬菜属于浅根系作物，如胡萝卜主要根系集中在50厘米深处的土层范围内，菠菜根系集中在30厘米深处的土层范围内，这就造成蔬菜对水肥的依赖程度高，需要经常灌溉和施肥。在作物-土壤-环境整个系统中，根层水分养分的浓度是体系水分养分输入与输出达到平衡后的最终结果，调控作物-土壤体系中的根层水肥的供应，是蔬菜作物高产与减少氮损失的关键点。适宜的根层水肥供应需要恰好满足作物高产、优质的水分养分需求，同时不会带来环境污染的压力，这是作物生产水肥供应的“最佳状态”。通常情况下，根层水分和养分的供应主要通过施肥前根层土壤残留的水分和养分，以及灌溉（降雨）或施肥来提供；还需要考虑土壤有机质矿化、作物残茬矿化或有机肥矿化提供的养分，在某些情况下还应该考虑灌溉水或沉降带入的养分对根层养分的补充，特别是氮素。我国的蔬菜生产，水肥的施用在整个生长过程中都处于高量供应状态，必须合理控制。首先要考虑灌溉水或肥料以外其他来源的水分和养分供应，再以灌溉施肥为调控手段，把根层水肥供应控制在适宜范围。

第二节　菜田的节水栽培技术

一、菜田地面灌溉及其弊端

菜田惯用的灌水方式是地面灌溉，它适用于水源充足、土地平整、土层较厚、土壤底层排水良好的土壤和地段。其优点是投资少，容易实施，适用于大面积蔬菜生产，缺点是费工费水。

（一）畦灌

畦灌是用田埂将灌溉土地分隔成一系列小畦。灌水时，将水引入畦田后，在畦田上形成很薄的水层，沿畦长方向流动，在流动过程中主要借重力作用逐渐湿润土壤。畦灌主要适用于种植密度较大或需经常灌溉的蔬菜（如绿叶菜类、黄瓜等）。畦灌要求畦面平整，菜畦布置合理，并能控制入畦流量和放水时间。畦的大小、入畦流量和放水时间长短，与土壤透水性、土地平整状况及地面坡度等因素有关。土壤透水性较强，土地不够平整或地面坡度小时，宜采用短畦大流量灌溉。反之，可采用长畦小流量灌溉。北方菜田普遍采用畦灌，优点是灌得透匀，缺点是灌后地面板结，通气性差，蒸发量较大，费水费工。

（二）沟灌

沟灌是在植物行间开挖灌水沟，水从输水沟进入灌水沟后，在流动的过程中主要借毛细管作用湿润土壤。与畦灌比较，沟灌不会破坏植物根部附近的土壤结构，不会导致田面板结，能减少土壤蒸发损失，适用于宽行距的中耕植物。

沟灌是通过植物行间开沟的灌水方式，可以逐行灌，也可隔行灌。沟灌水渗透量小，土壤通透性好，不易形成板结现象。沟灌适于雨水较多地区或多雨季节，用于马铃薯、番茄等中耕植物，但也有许多弊端，如灌溉不均匀、用水量多、果实易腐烂等。

二、改进地面灌水技术

由于传统地面灌水技术存在灌溉水损失大、需要劳力多、生产效率低、灌水质量差，易造成环境恶化（盐碱化）等问题，因此，改进地面灌水技术已引起人们的重视。地面节水灌溉技术主要有膜上灌溉、膜下灌溉等地膜覆盖灌水技术、保护地畦灌技术、保护地沟灌技术等。

（一）地膜覆盖灌水技术

塑料薄膜地面覆盖，简称地膜覆盖，是利用厚度为0.01～0.02毫米聚烯或聚氯乙烯膜覆盖于地表面或近地面表层的一种栽培方式。它是当代农业生产中比较简单有效的节水、增产措施，已被很多国家广泛应用。

地膜覆盖的方式，应根据蔬菜的种类、栽培时期与方式的不同，确定畦形和覆盖方式。采用膜上灌溉时，宜缩小畦面，加宽畦沟，便于灌水。膜下滴灌可加宽畦面，加大畦的高度。畦面越高增温效果越明显。由于地膜覆盖后改变了原有土壤特性，田间灌水技术也应做适当的调整。因此，地膜覆盖蔬菜的灌水方法主要有膜上灌溉和膜下灌溉等灌水技术。

1.膜上灌溉技术

膜上灌水技术是利用地膜在田间灌水，水在地膜上流动过程中通过放苗孔或膜缝慢慢地渗到作物根部，进行局部浸润灌溉，以满足作物的需水要求。与传统的地面沟灌、畦灌相比，膜上灌溉方法不仅改善了作物生长的微生态环境，增加了土壤温度，减少了植物之间土壤蒸发和深层渗漏，不会造成地面板结和土壤冲刷，而且还可以大大提高灌水的均匀度和田间水分的有效利用率，达到作物节水增产和提高品质的目的。膜上灌水技术适合于各种地膜栽培作物。

（1）打埂膜上灌

打埂膜上灌方法，是在地表筑起5～8厘米土埂。根据作物栽培的需要，铺膜形式可分为单膜或双膜。对于双膜，膜间或膜两边各留10厘米宽的渗水带。畦面要低于原田面，这样灌溉时水不易外溢和穿透畦埂，入膜流量可加大到5升/秒以上。膜缝渗水带可以补充供水不足。目前这种膜上灌形式应用较多，主要用在保护地中密植作物双膜或宽膜的膜畦灌溉，要求田面平整程度较高，以增加横向和纵向的灌水均匀度。

（2）膜孔灌溉

膜孔灌溉也称膜孔渗灌，是指灌溉水流在膜上流动，通过膜孔（作物放苗孔或专用灌水孔）渗入作物根部土壤中的灌水方法。该方法无膜缝和膜侧旁渗。膜孔灌溉分为膜孔畦灌和膜孔沟灌两种。

膜孔畦灌法的地膜两侧必须翘起5厘米高，并嵌入土壤中。膜畦宽度根据地膜和种植作物的要求确定，双行种植一般采用宽70～90厘米的地膜，3行或4行种植一般采用180厘米宽的地膜。作物需水完全依靠放苗孔和增加的渗水孔供给，入膜流量为1～3升/秒。该灌水方法增加了灌水均匀度，节水效果好。膜孔畦灌一般适用于芹菜等保护地作物。

膜孔沟灌是将地膜铺在沟底，作物种植在垄上，水流通过沟中地膜上的专门灌水孔渗入土壤中，再通过毛细管作用浸润作物根系附近的土壤。这种方法对随水传播的病害有一定的防治作用。膜孔沟灌法特别适用于甜瓜、西瓜、辣椒等易受水传染病害威胁的保护地作物。果树、葡萄和葫芦等作物可以种植在沟坡上，水流可以通过种在沟坡上的苗孔浸润到土壤中。灌水沟规格依作物而异，蔬菜一般沟深30～40厘米，沟距80～120厘米，上口宽80～100厘米，沟长350～400厘米。专用灌水孔可根据土质不同打单排孔或双排孔，对轻质土壤，地膜打双排孔；重质土壤，地膜打单排孔。孔径和孔距根据作物灌水量等确定。根据试验，对轻壤土、壤土，以孔径5毫米、孔距为20厘米的单排孔为宜。对蔬菜作物而言，水的入沟量以1～1.5升/秒为宜。甜瓜和辣椒作物，严禁在高温季节及中午高温期间灌水或灌满沟水。膜上灌水法节水效果突出，灌水质量提高，增产效益显著。

2.膜下灌溉技术

采用地膜覆盖是抑制地面蒸发、降低保护地环境温度的有效措施，要尽可能加大棚室蔬菜的地膜覆盖。在深秋、冬季和早春，为了保证保护地环境具有适宜于蔬菜生长的温、湿度条件，在控制灌溉水量和水温的同时，常采用膜下滴灌和膜下沟灌。

（1）膜下滴灌

为了减少保护地蔬菜棵间水分蒸发，尽量减少由于排湿和灌溉带来的降温作用，使保护地环境具有适宜的温度、湿度条件，土壤具有良好的通透性，常采用膜下滴灌。膜下滴灌法是将滴灌管覆盖在灌水沟上，利用滴灌灌水器湿润蔬菜根区土壤，主要适宜于对温度、湿度条件要求较高的保护地蔬菜，如黄瓜、番茄、西芹等。

（2）膜下沟灌

膜下沟灌是将地膜覆盖在灌水沟上，灌溉水流在膜下灌水沟中流动，以减少土壤水分蒸发。其流入量、灌水技术要素、田间水有效利用率和灌水均匀度，与传统的沟灌相同。

保护地采用膜下沟灌可以减少室内的空气湿度，减少病害的发生率，减少土壤棵间水分蒸发，提高水的利用率。该方法主要适用于耐湿性较差的保护地蔬菜。冬季栽培蔬菜应用膜下灌水技术，能保持土壤的疏松透气，节水效果明显，能改善棚内的湿度、温度条件，可促进嫁接作物生长。

（二）保护地畦灌技术

1.畦灌的特点及适用条件

用临时修筑的土埂将灌溉土地分隔成一系列的长方形田块，即灌水畦，又称畦田。灌溉水从输水垄沟、输水暗管或田间毛渠直接引入畦田后，在畦田面上形成很薄的水层，沿畦长坡度方向均匀流动，逐渐润湿土壤。畦灌法主要适用于灌溉窄行距密植作物或撒播作物。在保护地中，畦灌法适用于大多数蔬菜、露地花卉、苗圃和密植果树等。

2.畦的规格

（1）畦宽

畦宽主要根据作物行距和地形而定。畦宽应为蔬菜行距的整倍数，宽行距蔬菜（黄瓜、茄子等）一般为2倍；中等行距蔬菜（甜椒等）一般为2～3倍；窄行距蔬菜（莴笋、豌豆等）一般为3～4倍；密植蔬菜（小葱、疲菜等）的倍数更为严格。总之，畦宽均以1～1.5米为宜。畦宽应和耕作机具的工作幅度相适应。地面平整差、坡度大，尤其是横向有坡度者，畦宽宜小。

（2）畦长

保护地畦长取决于保护地设施的长度或宽度。畦长有一定限制，随畦田纵坡、土壤质地及土壤透水性能、土地平整等而变化。畦田面坡度最大的畦长较短，纵坡大时畦长较长；沙质土壤透水性能强，畦田长度宜短；黏质土壤透水性能弱，畦长稍长。

（3）畦埂

畦埂断面一般为三角形，畦埂高20～25厘米，底宽30～40厘米，引浑水灌溉的地区应适当加大些。畦埂是临时性的，应与整地、播种相结合，最好采用筑埂器修筑。对于密植作物，畦埂也可以进行播种。为防止畦埂跑水，在畦田地边和路边最好修筑固定的地边畦埂，埂高不应小于30厘米，底宽50～60厘米，顶宽20～30厘米。

（三）畦灌技术指标

1.单宽流量

单宽流量直接影响到土壤湿润均匀性。在相同质地、地面坡度、畦长条件下，一般是单宽流量愈小，灌水定额愈大。因而在不同条件下，可引用不同的单宽流量，以控制灌水定额。若坡度小，或畦子长，或土壤渗水能力强，单宽流量可大些，反之则小些。其变化幅度为3～5.5升/秒·米。

2.改水成数

畦内水流到畦长的某一成数时封口改水。如“八成改水”，即水流到畦长的80%时封口改水。它是实现定额灌水，提高灌水质量的重要措施。改水过早会使畦尾受水不足，改水过迟会引起畦尾积水。因菜田畦子不长，九成或十成改水即可。

（四）保护地沟灌技术

1.特点与适用方法

沟灌是普遍应用于保护地宽行作物栽培的一种灌水方法。沟灌法是在保护地作物行间开挖灌水沟，灌溉水由输水沟或输水暗管进入灌水沟后，借助土壤毛管作用湿润土壤的灌水方法。沟灌法与畦灌法相比较，具有节水、节能的特点。灌水后不会破坏作物根部的土壤结构，可以保持根部土壤疏松、通气良好，不会形成严重的土壤表面板结，能减少深层渗漏，防止地下水位升高和土壤养分流失。沟灌能减少植株之间的土壤蒸发损失，有利于土壤保墒和减少保护地内空气相对湿度，开灌水时还可对作物起培土作用。

保护地沟灌法适用于灌溉宽行距作物，如黄瓜、西瓜、西葫芦、番茄、豆类、草莓和果树等，窄行距作物一般不适合用沟灌。沟灌法比较适合中等透水性的土壤。

适宜于沟灌的地面坡度不宜过大，否则，水流速快容易使土壤湿润不均匀，达不到预定的灌水定额或灌水效果。可将灌水沟的入沟流量与其他技术要素相结合，使灌水既能保证灌水均匀，又能达到设计灌水定额。

2.沟灌规格

目前蔬菜沟灌主要有单垄沟灌和高畦沟灌，前者适合无须盖地膜的蔬菜，后者适合通风较好的对垄栽培或须盖地膜的蔬菜。

（1）沟距

灌水沟的间距主要取决于种植行距和沟灌形式。另外，也需考虑土质条件等，如沙性土壤下渗比侧渗要快，沟距宜小，一般50～60厘米；黏性土壤，沟距要加大到70～80厘米。

（2）沟长

灌水沟的长度，与流量大小、沟深、土质及坡度有关。一般当引水量较大，土质沙性，沟较深、坡度较小时，灌水沟长度可短些。反之，灌水沟长可长些，一般在10～35米。

（3）沟的断面

对于行距较窄（50～60厘米）的蔬菜，多采用倒三角形沟，沟上口宽40～50厘米，沟深16～20厘米；对于行距较宽（70～80厘米）的蔬菜，多采用倒梯形沟，沟上口宽60～70厘米，沟深20～25厘米。

3.沟灌技术指标

（1）单沟流量

沟内水深一般掌握在沟深的2/3～3/4为宜。

（2）改水成数

沟灌几成改水大体与畦灌相同，因菜田沟长较短，一般以九成改水为宜。

（3）沟灌方法

沟灌可分为逐沟灌、隔沟灌、串沟灌、轮沟灌几种。逐沟灌能使土壤湿润充分；隔沟灌可以提高浇地效率，增大灌溉面积；串沟灌是借用其他垄沟输水，以便绕过有微地形变化的地方；轮沟灌是在旱情严重时，为满足作物迫切需水要求采用的方法。在此，要提及南方常用的一种沟灌特殊方式，即沟灌泼浇，畦一般宽40～50厘米，畦间小沟上口宽70厘米左右，下口宽30厘米左右，沟深30～50厘米，畦的两道畦面高出路面10～16厘米。这种沟灌特殊方式与人工挑浇比较，工效高、省劳力，畦间水沟能灌能排，特别适用于低洼地区菜地，但土地要平整，水源要充足，可以排除多余水分。

三、微喷灌技术

微喷灌又称微型喷灌，或称为雾灌，它是采用低压管道输水，通过微喷头进行局部灌溉的方式，兼具喷灌和滴灌的优点，同时又克服了二者的缺点（如喷灌压力较高、滴头易堵塞等问题）。与传统的地面灌水方法相比，应用微喷灌能明显地节约水肥，增加蔬菜产量，又能改善蔬菜的生长环境。但微喷灌也存在不足，如微喷头堵塞问题，每公顷造价与同定式滴灌差不多。在国外，有逐渐以微喷灌取代滴灌的趋势。在温室（或大棚）内使用微喷灌，会大大提高室内的空气湿度，但对湿度敏感的作物（如黄瓜）须用滴灌。近年来我国微喷灌设备生产逐渐完善，微喷灌的技术的发展很快，是一种很有发展前途的节水灌水法。

微喷灌技术是利用微小的喷头，借助于输、配水管道输送到设施内最末级管道以及其上安装的微喷头，将压力水均匀而准确地喷洒在每株植物的枝叶上或植物根系周围的土壤表面上。微喷头的工作压力与滴头大致相同，但喷洒孔口稍大，流速比喷头大，所以堵塞的可能性大大减小。

温室大棚蔬菜生产中，采用微喷灌系统调控温棚环境内的水、肥、温度，是一种可行的方法。选用质量好的微喷灌设备，并配以良好的使用与管理技术，能节水50%～70%，减少蒸发和渗漏，防止病虫害发生，保证土壤不板结；促使蔬菜提前上市，延长产品供应期，为绿色食品生产提供有力保障；同时还可减少农药用量，节约肥料，提高产量20%。

四、滴灌技术

滴灌由地下灌溉发展而来，是利用一套塑料管道系统将水直接输送到每棵植物的根部，水由每个滴头直接滴在根部上的地表，然后渗入土壤并浸润作物根系最发达的区域。一般采用“干、支、毛”三级轻质软管系统供水，是机械化与自动化的先进灌水技术，是近年来现代温室中常用的灌溉方式之一，突出优点是非常省水，自动化程度高，可以使土壤湿度始终保持在最优状态。

滴灌水的有效利用率高。在滴灌条件下，水湿润部分土壤表面，可有效减少土壤水分的无效蒸发。同时，由于滴灌仅湿润作物根部附近土壤，其他区域土壤水分含量较低，因此，可防止杂草的生长。滴灌系统不产生地面径流，且易掌握精确的施水深度。

滴灌环境湿度低。滴灌后，土壤根系通透条件良好，通过注入水中的肥料，可以提供足够的水分和养分，使土壤水分处于能满足作物要求的稳定和较低的吸力状态，灌水区域地面蒸发量也小。这样可以有效控制保护地的湿度，防止病虫害，也降低了农药的施用量。

滴灌能提高作物产品品质。由于滴灌能够及时适量供水、供肥，它可以在提高农作物产量的同时，改善农产品的品质，使保护地的农产品经济效益大大提高。

滴灌对地形和土壤的适应能力较强。由于滴头能够在较大的工作压力范围内工作，且滴头的出流均匀，所以滴灌适宜于地形有起伏的地块和不同种类的土壤。同时，滴灌还可以减少中耕除草，也不会造成地面土壤板结。

滴灌也有缺点，由于需要大量塑料管，投资较高；滴灌灌水量相对较小，容易造成盐分积累；滴头的流道较小，易于堵塞等。因此，对灌溉水一定要认真地进行过滤和处理，目前我国还都只注意到防止物理堵塞，而同样严重的生物堵塞和化学堵塞问题尚未引起足够的重视。

（一）主要滴灌形式

1.固定式地面滴灌

固定式地面滴灌一般是将毛管和滴头都固定在地面（干、支管一般埋在地下），整个灌水季节都不移动，其优点是节省劳力、施工简单而且便于发现问题

（如滴头堵塞、管道破裂、接头漏水等），但是毛管直接受阳光暴晒，老化快，而且对其他农业操作有影响，还容易受到人为的破坏。

2.半固定式地面滴灌

为降低投资，只将干管和支管固定埋在田间，毛管及滴头可以根据轮灌需要移动，这种方式即为半固定式地面滴灌。其优点是投资仅为固定式的50%～70%，但增加了移动管的劳力，易于损坏。

3.膜下滴灌

在地膜栽培作物的田块，将滴灌毛管布置在地膜下面，这样可充分发挥滴灌的优点，不仅克服了铺盖地膜后灌水的困难，而且可大大减少地面的无效蒸发。

4.地下滴灌

地下滴灌是将滴灌干、支、毛管和滴头全部埋入地下，这可以大大减少对其他耕作的干扰，减慢老化，延长使用寿命。其缺点是不容易发现系统的事故，如不作妥善处理，滴头易受土壤或根系堵塞。

我国北方设施生产中常采用的是膜下滴灌技术。膜下滴灌技术是一种结合了以色列滴灌技术和国内覆膜技术优点的新型节水技术。水、肥、农药等通过滴灌带直接作用于作物根系，加上地膜覆盖，棵间蒸发甚微，十分利于作物的生长发育。

（二）温室蔬菜简易滴灌技术

用直径15毫米塑料管做毛管，管壁上扎有孔距为35厘米、孔径为1.2毫米的水平单孔；用直径25毫米塑料管做支管，用直径38毫米的塑料管做主管，棚首主管上安装控制阀与水源接通，构成简易的滴灌系统。

棚内布置：条型布置，在地表上、地膜下每隔1米放一条长50米的毛管，然后与主、支管连成管网，开启首部控制阀门，便可滴灌蔬菜。曲型布置，每条毛管长度为24～28米，弯曲布置4道，支管顺棚长向布置，长度为30～70米，各级管道部埋入地下2～8厘米，每条毛管尾部露出地面。该布置利于每行蔬菜受到日光照射。

简易滴灌系统全部使用塑料管道，毛管又放在地膜下或埋入地下，水直接滴入作物根区，几乎没有蒸发和渗漏损失，水的利用率可达95%～98%，分别比喷灌和地面灌省水40%～60%。只需0.02兆帕压力就可满足需要。简易滴灌比大水漫灌提高棚温5℃，能使菜早上市15天左右，而且可减少发病，便于管理。

五、地下渗灌技术

地下渗灌与地下滴灌相似，是利用修筑在地下的专门设施（地下管道系统）将灌溉水引入田间耕作层，借毛细管作用自上而下湿润土壤，从而达到直接向作物根区慢慢供水的目的，所以又称地下灌溉。近年来也有在地表下埋设塑料管，由专门的渗头向植物根区渗水。其优点是灌水质量好，蒸发损失少，少占耕地便于机耕，但存在地表湿润差、地下管道造价高、容易淤塞、检修困难等缺点。

采用渗灌方法灌水后表层土壤保持疏松，可以减少地面蒸发，节约灌溉水量，灌水效益高，也有利于机械作业和农事操作，灌水工作与其他田间操作可同时进行。

渗灌往往会使土壤湿润不均匀，表土返盐，地下渗漏严重；地下管道不易检修养护，投资大，施工要求高；适用于上沙下黏的土壤。这是目前影响其推广的主要原因。

第三节　大田蔬菜节水与高产栽培技术

大田蔬菜是需水量较大作物，与其他农作物相比，对水分反应较为敏感。蔬菜是含水量较高作物，如大白菜、甘蓝的含水量达到90%以上，成熟的种子含水量也达到10%～15%。大田蔬菜生长期间灌水较为频繁，灌水及时可增加蔬菜产量。

一、大白菜需水规律

大白菜属十字花科、芸薹属、芸薹种、大白菜亚种二年生草本植物。大白菜叶面积大，蒸腾耗水多，但根系较浅，不能充分利用土壤深层的水分。在不同的生育时期、栽培方法和自然条件下，所需的水分情况是不同的。因此，生育期应供应充足的水分；幼苗期应经常浇水，保持土壤湿润，土壤干旱，极易因高温干旱而发生病毒病。在无雨的情况下，应当采取各种保墒措施，并及时浇水降温，加速出苗；莲座期应当适当控水，浇水过多易引起徒长，影响包心。

大白菜从播种到收获种子为一个生长世代，这个世代包括营养生长和生殖生长2个时期，每个时期又包括若干分期。在正常的栽培条件下，一个生长世代需跨年度，即第一年秋季完成营养生长，翌年春完成生殖生长。

大白菜在各个生长时期生发不同的器官，生长量和生长速度有明显差异，因此各时期应适时、适量浇水才能达到丰产。

（一）营养生长时期

这一时期是营养器官生长阶段，末尾还孕育着生殖生长的雏体，包括发芽期、幼苗期、莲座期和结球期。

1.发芽期

发芽即种胚生成幼芽的过程。从播种开始，经过种子萌动、拱土到子叶展开为止，需3～4d。此期主要消耗种子中贮藏的养分，被称作“异养”。因此，种子质量好坏直接影响到发芽、幼苗生长，对于大白菜的结球状况也有强烈的后效应。因此，大白菜发芽期，水分供应必须充足，要注意防止发生“芽干”现象。

2.幼苗期

幼苗期从“破心”到基生叶出现开始，到完成第一叶环止。2片基生叶展开后与子叶交叉成十字形，即所谓“拉十字”，然后再形成8片中生叶，即第一叶环。该叶环形成后幼苗呈圆盘状，被称作“团棵”。从“破心”到“团棵”，早熟种需15～17d，晚熟种约需20d。大白菜进入幼苗期后，由“异养”过渡到“自养”，即靠自己制造的养分生长。此期生长量不大，但生长速度却相当快。因此，幼苗期必须及时浇水，天气干旱时应2～3d浇1次水，保持地面湿润。

3.莲座期

莲座期从“团棵”开始到出现包心长相止。该期要形成中生叶的第二和第三个叶环。早熟种需21～22d，晚熟种需25～27d。莲座期是营养生长阶段最活跃的时期，也是大白菜生长的关键时期。因此，莲座期充分浇水，保证莲座叶健壮生长是丰产的关键。但浇水要适当节制，注意防止莲座叶徒长而延迟结球。

4.结球期

结球期即顶生叶生长形成叶球的过程。这一时期很长，早熟种需25～30d，晚熟种约需45d。该期又分为前中后3期：前期，外层球叶生长构成叶球的轮廓，被称为“抽桶”或“长框”，约15d（以下指晚熟白菜）；中期，内层球叶生长以充实叶球，被称为“灌心”，需要十余天；后期，外叶养分向球叶转移，叶球体积不再扩大，只是继续充实叶球内部，需要十余天。结球期是产品器官形成时期，从生长时间看，约占全生长期的1/2。从生长量看，约占单株总量的2/3，特别是结球前中期，是大白菜生长最快时期。大白菜结球期，对水分的要求极为严格，此时要保持土壤湿度在85%～94%，缺水会造成减产。从结球开始到收获，浇水5～6次，每次间隔6～7d。

（二）生殖生长时期

大白菜在莲座后期或结球前期已分化出花原基和幼小花芽，但此时以叶球生长为主，且温度渐低，光照时间渐短，不利于花薹抽出。北方在长达100余天的贮藏期内，依靠叶球内的水分和养分，形成了花芽甚至花器完备的幼小花蕾，翌年春定植于露地，完成抽薹、开花、结荚3个阶段。因此，这个时期以土壤“见干见湿”为宜。

二、大白菜节水高产种植技术

（一）秋播大白菜高产栽培技术

1.选好茬口

总体上来说大白菜不宜连作，也不宜与其他十字花科蔬菜轮作，以减少病源和虫源。一般选择收获较早的豌豆、土豆、地膜西瓜等早夏蔬菜以及麦茬为好。

2.整地做垄

大白菜要求土地平整，土壤细碎，并将田间杂草消灭干净。要大量施用农家肥，结合翻地每亩施腐熟有机肥5000kg，过磷酸钙50kg，尿素20kg，或复合肥25kg。在播种前，平整土地以利排水和灌水，防止因积水或缺水而造成病害的发生，影响幼苗的生长与结球。根据实际情况可选用垄栽、畦栽、高垄栽培的方式种植。

3.适期播种

秋播大白菜主要生长在月均温5～22℃的区间，为了延长生长期以提高产量，常利用幼苗较强的抗热特性而提前在温度较高时播种。当然，适宜的播种期要以具体情况而定，在当年的播种期同期温度低于其他年份时，可适当早播，否则晚播；生长期长的晚熟品种早播，生长期短的早熟品种晚播；沙质土壤发苗快可适当晚播，黏重土壤发苗慢要早播；土壤肥沃，肥料充足，大白菜生长快，可适当晚播。

4.间苗、定苗

为防止幼苗拥挤徒长，要及时间苗，一般间苗2～3次。第1次间苗在第一对基生叶展开即“拉十字”时进行；过5～6d长出2～3片幼叶时进行第2次间苗，剔除杂苗；第3次间苗在幼苗有5～6片叶时进行。直播的大白菜在团棵时定苗。在高温干旱年份适当晚间苗、晚定苗，使苗较集中，用以遮盖地面以降低地温和减少病毒病的发生。每次间苗、定苗后应及时浇水，防止幼苗根系松动影响吸水而萎蔫。

5.合理密植

合理密植是提高产量和商品质量的重要措施。合理密植的程度主要取决于品种特性，不同的品种莲座叶形状不同，合理密度各不相同。同时，秋播大白菜种植密度因地区、土壤肥力、栽培方式等条件而异。秋播条件下，早播的收获期早宜密植，晚播的宜稀植。土壤肥沃，有机质含量高，根系发育好，土壤能充分供应肥水，植株生长健壮，叶面积大，为减少个体之间相互遮阴应适当稀植，反之就要密植。宽行栽培时可缩小株距，大小行栽培时也可增加密度。在生产上要灵活掌握，合理密植。

6.中耕除草

秋播大白菜栽培过程中要结合间苗进行中耕3次以上，中耕按照“头锄浅、二锄深、三锄不伤根”的原则进行。第1次中耕是在第1次间苗后，浅铲3～4cm，以锄小草为主，随后使用小铧犁地；第2次间苗后铲第2遍，深铲5～6cm疏松土壤为主，随后使用中铧犁地；定苗后铲第3遍，把培在垄台上的土铲下来，随后再使用带有培土板（可用草把代替）的中铧犁地，完成培土，方便日后放水灌溉。凡是高垄栽培要遵循“深榜沟、浅榜背”的原则，结合中耕进行除草培垄，以利保护根系，便于排灌。

大白菜的田间杂草繁多，因此要特别重视除草，以提高大白菜的收益。除草剂的使用可减少工作量，提高除草效率。一般在播种后、灌水前，每亩用氟乐灵100～200g加水均匀喷洒地面，除草效果可达90%以上，对菜苗无影响。此外还可每亩用除草醚25%可湿性粉剂0.75～1.0kg兑水50～100kg，出苗前喷于地面。

7.浇水

大白菜在各个生长时期出现不同的器官，生长量和生长速度有明显差异，因此各时期应适时、适量浇水才能达到丰产。

发芽期。水分供应必须充足，要注意防止发生"芽干"现象。幼苗期必须及时浇水，天气干旱时应2～3d浇1次水，保持地面湿润。

莲座期。充分浇水，保证莲座叶健壮生长是丰产的关键。但浇水要适当节制，注意防止莲座叶徒长而延迟结球，以土壤"见干见湿"为宜。

结球期。对水分的要求极为严格，此时要保持土壤湿度在85%～94%，缺水会造成大量的减产。从结球开始到收获，浇水5～6次，每次间隔6～7d。

收获期。收获前7～10d应停止浇水，以免叶球水分过多不耐贮藏。

8.施肥

合理施肥要掌握如下原则：以有机肥为主，有机肥与化肥相结合；以基肥为主，基肥与追肥相结合；追肥以氮肥为主，氮、磷、钾肥合理配合，适当补充微量元素；根据土壤养分状况和肥力进行配方施肥；适期施肥。

9.采收

早熟、极早熟大白菜在播种后50～60d（9月上中旬）叶球逐渐紧实，进入采收期，应及时采收上市。采收时，切除根茎部，剔除外叶、烂叶，分级净菜装筐上市。在切除根茎部剔除外叶时，保留叶球外侧的2～3片叶，以护叶球，装车运至蔬菜市场卖出时再剥去外叶，净菜出售。

中熟品种多在播种后70d左右（10月上中旬）进入采收期，多用于渍酸菜和短期贮藏，这时菜价一般都较高，要及时采收。中晚熟品种，生长期越长，产量越高，早收因温度高难以贮藏，应尽量延迟收获。但遇到−2℃以下的低温就会受到冻害，因此必须在第一次寒冻以前收获完毕。收获时，可连根拔出，堆放在田间，球顶朝外，根向里，以防冻害；也可用刀或铲砍断主根，但伤口大，在采收后应晾晒使伤口干燥愈合以减少贮藏中腐烂损失。大白菜收获时含水较多，蕴藏热量也很大，收获后需经过晾晒处理，以免入窖后发生高温、高湿而致其腐烂。晾晒一般在晴天将大白菜整齐地排列在田间，使叶球向北，根部向南先晒2～3d，再翻过来晒2～3d，以减少外叶所含水分并使伤口愈合。晾晒后可堆积于田间，待天气转冷再入窖贮藏。

（二）春播大白菜高产栽培技术

大白菜属于春化敏感型的作物，萌动的种芽在3～13℃的低温下，经过10～30d即可完成春化阶段，温度愈低，愈能促使其花芽分化，加快抽薹开花。春季适合大白菜生长的时间（日均温10～22℃）较短，播种早，前期遇到低温通过春化，后期遇到高温长日照而未熟抽薹，不能形成叶球，而且春栽大白菜生长后期常遇到高温、多雨等恶劣天气，软腐病、霜霉病及蚜虫、小菜蛾、菜青虫等虫害发生，导致大白菜减产或绝收。播种晚，结球期如遇到25℃以上的高温，又不易形成叶球，从而影响生产。因此棚室大白菜在生长过程中最低温度不宜低于13℃，而且要适当选择栽培方式及播种时期，播种时间选择寒尾暖头为宜，以利大白菜早出苗。

1.大棚栽培

一般采用大棚内套小拱棚育苗，定植于大棚的栽培方式。育苗畦宽1.5m，采用营养土方、营养钵（直径8cm）育苗。幼苗期应注意保温，如果幼苗在5℃以下持续4d就可能完成春化，如果在13℃以下持续20d左右，也可能造成春化，不要低温炼苗。适时定植，苗龄25～50d，5～6片真叶，棚内温度稳定在10℃以上时定植于大棚内，行株距60cm×（30～40）cm，垄上覆盖地膜。棚内白天气温保持在20～25℃，温度超过时应及时放风降温。夜间气温12～20℃，避免温度过低通过春化引起先期抽薹。

在肥水管理上要一促到底，一般于缓苗后浇第1次水，在晴天上午浇，水量不可过大。植株进入莲座期时浇第2次水，每亩随水冲施尿素20～25kg，氮、磷、钾三元复合肥40～50kg。生长中后期大棚内应注意通风，适当增加浇水次数，以充分供给包心时对水分的吸收，但浇水不可过量，水到垄头就可。结球期每亩还应补充氮、磷、钾三元复合肥30～40kg。大棚栽培，播种期早，可提早上市。

2.小拱棚育苗露地栽培

一般在播种前7～10d挖好育苗畦，采用营养钵育苗，播种前育苗畦要浇透水。春季大白菜对播期要求较为严格，播种过早易春化，晚则病害严重、产量低下。因此适期播种是获得高产、优质的基础。

育苗播种采用点播的方式，播种前一周准备好育苗畦，并浇透水，覆盖小拱棚提高地温。播种时再用喷壶喷30℃左右的温水补充水分。水渗下后，点播种子，播后覆厚细土，加盖棚架后覆盖薄膜，夜间加盖草帘保温。从播种到出苗，应将温度控制在20～25℃，以利发芽。从第1片真叶展开至幼苗长成，应使棚内温度白天保持在20～25℃，夜间12～20℃，要根据天气变化揭盖草帘，一般不通风，既要防止高温造成幼苗徒长，又要避免温度过低通过春化引起先期抽薹。在保证温度的前提下，要使苗子多见光，防止因光照不足而造成幼苗细弱。中后期逐步拆开地膜通风，进行炼苗，以利培育壮苗。育苗期间要间苗1～2次。

当幼苗长至4～5片真叶时定植，由于定植时温度尚低，因此应选择晴天进行，以利缓苗。定植时先将苗子从育苗畦中带土起出，放在垄间，要注意轻拿轻放，避免弄碎土坨，损坏根系；然后按株行距挖穴浇水，待水渗下以后，将苗放入穴内，立即覆土并平整垄面，覆土深度以不埋住幼苗子叶为宜。

春天白菜定植时温度较低，缓苗前一般不浇水或少浇水，以提高地温，促进缓苗。缓苗以后温度渐高，植株对肥水需求量越来越多，此后应一促到底，采用肥水齐攻，直至收获。

3.采收贮藏

春夏季大白菜成熟后要及时采收，不要延误，以减少腐烂损失，采后及时放入冷库预冷，随后投放市场。

三、大葱需水规律

大葱是百合科葱属二年生蔬菜作物。为适应原产地的气候特点，大葱形成了不发达的根系，短缩的营养茎，耐旱的管状叶型。

大葱叶片比较耐旱，而根系喜湿，生长期间要求较高的土壤湿度和较低的空气湿度。大葱的各个生育阶段对水分的要求有所不同。发芽期需要潮湿的环境，所以必须保持土壤湿润；幼苗生长前期，应适当控制水分，保持畦面见干见湿；越冬前浇足冻水，防止苗床失水，苗子冻干死掉；春天返青后，为促进幼苗生长要浇返青水；定植后的缓苗阶段，应以中耕保墒为主，促进根系生长；进入葱白形成期是大葱生长高峰期，需水量较多，生长速度快，应增加浇水次数和浇水量，保持土壤湿润；收获前10d减少灌水，有利于养分回流，提高耐贮性。一般来说，水分不足，植株较小，辛辣味浓；水分过多容易沤根，涝死。总之，生育期间应根据不同生育阶段的需水规律和气候特点，进行合理的水分管理，获得大葱的高产丰收。

大葱适宜的田间持水量为70%～80%。定植后遇高温条件，大葱处于生长停滞状态，对肥水需求不多，天不过旱不宜灌水，通过中耕保墒，促进新根发生。雨后注意排水防涝，以免发生沤根，叶片干尖、黄化甚至死苗现象。

发叶盛期，大葱对水肥的需求明显增加，灌水应掌握轻浇、早晚浇的原则，浇水时要看天、看地、看苗情。通过观察心叶与最长叶片的长度差来判断大葱是否缺水，一般差在15cm左右为水分适宜，若超过20cm说明缺水，心叶生长速度变缓，应及时浇水。

葱白形成盛期，也是水肥管理的关键时期。灌水应掌握勤浇、重浇的原则，增加浇水次数和每次灌水量。一般6～7d浇水1次，每次浇足浇透，经常保持土壤湿润。沙壤土透水性强，保水肥能力较差，应视情况缩短浇水间隔，壤土和黏壤则应适当延长浇水间隔。

植株成熟期，叶面水分蒸腾量减小，应逐渐减少灌水量和灌水次数。收获前7～10d停止灌水，以利收获、贮藏。

四、大葱节水高产种植技术

（一）播前准备

1.整地做苗床

大葱苗床地应选择靠近水源、背风向阳、土质疏松、有机质丰富、肥沃平坦的田块，但切忌在同一地块连茬育苗，应选3～5年内未种植过葱蒜类蔬菜的地块；并应精细整地以保证苗齐、苗壮，注意清除前茬作物的枯枝落叶和杂草并深翻细耙。在翻地的同时，每亩苗床地施入4000～5000kg充分腐熟的优质农家肥，随深翻使肥料与土壤均匀混合；也可适量掺入磷肥，如每亩施20～30kg过磷酸钙。秋播苗床整地时，可每亩施尿素20kg。

大葱苗床与大田栽培面积的比例一般为1：6～1：8。苗床做成宽1m、长8～10米的畦，畦埂宽度25cm左右，育苗畦要求做到畦平、埂直、土松。一般秋播育苗播种前7d将畦面浇水漫灌润透苗床。春播育苗的畦面在冬前浇1次冻水，做到底墒充足。

2.种子准备

（1）发芽试验

大葱一般应用新种子，并做好种子发芽试验。发芽种子的百分数率为发芽率，原种和一级良种应不低于93%，二级良种不低于85%，三级良种不低于75%。发芽率低于50%的种子不能在生产上使用，发芽率达不到二级良种标准的种子可酌情加大播种量使用。一般干籽播种，若上茬作物倒不下来或其他原因延迟了播种期时，可催芽播种。

（2）用种量的确定

发芽率在90%以上的种子，播种量一般为每亩地3～4kg，稀播不间苗的播种量以1.5～2.0kg为宜，要根据计划播种量和计划生产面积，确定用种量。

（3）浸种催芽

大葱可干籽播种，也可浸种催芽后播种。浸种催芽可采取常规浸种催芽或温汤浸种的方法，促进种子萌发、杀灭病原菌。

常规浸种催芽的方法是，先用30℃左右的温水浸泡12h，并用清水将种子淘洗干净；然后将种子沥干水装入布袋或瓦盆中，在15～70℃温度下催芽3～4d，种皮拱破即可播种。浸种期间每12h换1次水，保持水的清洁，可以稀释和消除萌发抑制物质的影响。催芽期间每天淘洗种子1次，并经常翻动种子，避免种子积热腐烂。还可以用500倍高锰酸钾溶液浸种20～30min，进行种子消毒。药剂浸种后再用清水冲洗种子，即可播种。

温汤浸种的方法是先用凉水将种子浸泡10min，捞去秕子和杂物，然后将种子捞出放入65℃的温水中烫种20～30min，期间不断搅动。水量为种子的4～5倍，待水温降到30℃左右时停止搅拌，再浸泡种子8～12h，捞出后沥干水即可播种。温汤浸种可起到出芽迅速整齐的作用。温汤浸种还能杀死附着在大葱种子表面和种子内部的病原菌，起到给种子消毒的作用，这样也可提早1～2d出苗。

（二）播种

应根据生产地区和生产条件，确定播种时间和播种方法。

1.播种时间

生产大葱，应根据当地生产实际情况及市场消费需求确定播种时间。冬贮大葱育苗要求在不抽薹或少量抽薹的前提下，尽量提早播种，育成粗壮的大苗，为丰产打下基础。

2.播种方法

（1）撒播

撒播又叫畦播或平播。在事先做好的畦内，将表土起出1～2cm，过筛堆在畦埂或畦外，起土后力求保持畦面平整。如果土壤墒情不足，可畦面灌水，或喷水湿润畦面，待水渗入土壤后播种。为了使种子撒播均匀，播前可将种子按1∶5的比例掺入干净细土或细砂，混合均匀后再播种。播完后将原来起出的表土，均匀地撒回原畦，覆土厚度1.0～1.5cm。大葱种子是嫌光种子，在见光的条件下，发芽不良，因此覆土应均匀，防止种子裸露地面；为了利于地面保墒，播后用铁锹轻拍畦面或脚踩镇压（俗称踩顶格子）。

（2）条播

条播又叫沟播。在做好的畦内，用多齿钩子开沟，沟深1.5～2.0cm，沟距10～15cm。根据土壤墒情确定是否踩底格子，如果春季土壤干旱又没有浇水条件就必须踩底格子，加大种子与土壤的接触面，防止干芽。

（三）播种后管理

播种后3d左右，畦面覆土略有干燥并出现裂缝，能站住人时，可用钉耙将畦面耧平耧细，保持上干下湿，上松下实，有利于出苗整齐。一般在秋播6～8d出齐苗。春播由于地温低，10～20d才能出苗。浸种催芽可提早出苗，提倡地膜覆盖育苗，可以使苗齐、苗壮。在即将出苗时要浇蒙头水，在子叶未伸腰前也要浇水，以免土面板结。

萌发初期子叶首先伸长，迫使胚根和胚轴首先顶出种皮，当胚根露出种皮4～6mm而后向下伸长，这时子叶继续伸长，但先端仍然留在种壳中吸收胚乳中贮藏的养分，因此子叶弯曲露出地面，俗称拉弓。以后由于胚轴伸长，才把子叶先端引出来，随之子叶伸出地面而直立，俗称伸腰。

1.间苗

间苗是培育壮苗的重要管理工作，尤其是在播种量大或播种不均匀的情况下，结合间苗，可以淘汰杂苗、弱苗、病苗。无论秋播或春播，间苗一般均在春季分两次进行。秋播育苗第一次间苗在春季返青水浇后进行，撒播的保持苗距2～4cm；第二次在苗高18～20cm时，保持苗距6～7cm，条播的适当缩小苗距。春播的间苗时期参照秋播进行。

2.除草

大葱幼苗生长缓慢，苗期各种杂草滋生很快，杂草与葱苗争夺养分和阳光，容易引起草荒，应重视除草工作。手工除草一般结合间苗和中耕进行，也可采用除草剂除草。

3.中耕保墒

大葱幼苗生长缓慢，根系又浅，为了减少地面蒸发水分和满足幼苗生长对土壤水分的要求，应注意中耕保墒。条播的，在每次浇水后或雨后应及时中耕，用小锄等将畦面表土疏松，防地面板结；撒播的，也可结合除草、间苗，适当中耕。播种后出苗阶段，还可采用地面覆盖的措施保墒。如春播后用地膜覆盖，既可以保墒，又可以增温，但要注意防止高温烤苗，一般地膜覆盖不宜超过20d。

4.灌水

大葱子叶弓形出土时顶土能力弱，且根系浅、吸收能力差，应加强苗期水分管理。尤其北方地区春季风大、干旱，春播幼苗即将出土时，苗床表面易干结，严重影响拱土，应酌情浇水，促进子叶伸腰、扎根稳苗。为防止畦面龟裂和板结，保持畦面湿润，播种后也可用草帘等将畦面覆盖，并经常浇水湿润覆盖物，待葱苗出土70%后撤去覆盖物。幼苗生长期，一般应少浇水，利于提高地温，促进根系生长，防止幼苗徒长。秋播苗冬前也应少浇水，以防幼苗徒长和冬前幼苗过大。秋播育苗的及时浇足封冻水，露地用粪土覆盖或风障保温越冬，开春浇返青水，返青水浇得过早易降低地温，引起叶片发黄。当小葱已长到3片叶时，可结合间苗浇水。随着气温回升和葱苗生长加快，增加浇水次数和浇水量。至5月葱苗长至30～40cm高即可定植，定植前10d停止浇水，进行炼苗。

5.追肥

苗期追肥一般结合灌水进行。秋播育苗的，越冬前应该控制水肥，结合灌冻水进行追肥，越冬期间做好保温防寒工作。从返青到定植，结合灌水追肥2～3次，每次每亩地施尿素10～15kg，注意少用碳铵作追肥，会烧坏葱叶及导致葱苗细软，易倒伏。为加强葱苗抗病能力，可用草木灰过滤水溶液进行叶面喷施补充钾肥，可有效减少葱叶干尖、黄叶现象。具体做法：取7.5kg草木灰，用15kg水过滤后再兑水150kg，然后进行叶面喷洒，每7d喷1次，连续喷2～3次。喷过草木灰水的葱苗，生长势好，抗病能力和抗风能力都显著增强，也可喷施0.2%酸二氢钾溶液补充钾肥。

（四）定植

1.定植时间

播种后60～70d，大葱即可以定植。

2.定植方法

大葱定植有湿栽法和干栽法两种方法，把分级的葱苗在垄上每隔2m放1堆，每堆30～40株，同一地段要放同级的葱苗。

（1）湿栽法

先在定植沟里灌水，使沟底土壤湿润，然后人站在另一未灌水的沟内或垄上，用食指或葱插子（可用直径1.5cm左右的圆铁扦、圆木杆或双股8号铁线制成）按株距将葱苗的根插入土内。这种方法速度快，省工省时，定植效果好，大葱秧苗直立性好。但栽植前要把栽植沟土刨松，以利插苗。

（2）干栽法

干栽法有摆葱和插葱之分。摆葱是先将大葱苗靠在沟壁一侧，按要求株距摆好，然后覆土盖根，踩实，最后灌水；插葱时左手攥住7～8株葱苗，根须朝下，右手用葱插子的分叉部位抵住须根插入沟底土中，再微微往上提起，使根须下展，保持葱苗挺直。以沟底中线为准单行插葱，插完把葱苗两侧的松土踩紧即可浇水。

定植深度以心叶处高出沟底面7～10cm为宜，当葱苗的假茎高度不一致时，要掌握上齐下不齐的原则。干栽法的优点是不受灌水时间的约束，利于根系发育。缺点是缓苗慢，也较费工，摆葱葱白不顺直，商品性差。

3.定植密度

大葱株形紧凑而直立，适合密植，合理密植是高产、优质的重要措施。合理密植必须根据大葱的品种特征、土壤肥力、秧苗大小以及栽植时间的早晚而定。一般长葱白型大葱每亩定植18000～23000株，短葱白型品种每亩栽植20000～30000株，株距4～6cm。定植早的可适当稀一些，定植晚的可适当密一些。大苗适当稀植、小苗适当密植。为了使植株生长整齐，便于密植和田间管理，减少以后培土时损伤葱叶，栽植时根据管理需要应使葱叶展开方向与行向垂直或成45°。

（五）田间管理

田间管理的重点是促进葱白生长，主要措施是促根、壮棵和培土软化，加强肥水管理，为葱白形成创造适宜的环境条件。

1.缓苗期管理

大葱定植后原有的须根不再生长，很快会腐朽，4～5d后开始萌发新根，新根萌发后心叶开始生长。大葱缓苗较慢，尤其处在高温条件下，需20d左右才能缓苗。大葱对高温和干旱有较强的忍耐力，所以宁干勿涝。管理重点是促进根系生长，锄松垄沟，提高通透性特别重要。随着植株生长，每次浇水后，及时松土。

2.缓苗后管理

（1）中耕除草

及时中耕、除草可以保持土壤有良好的通透性，有利于大葱根系发育，植株生长。

（2）水分管理

大葱适宜的田间持水量为70%～80%。定植后遇高温条件，大葱处于生长停滞状态，对肥水需求不多，天不过旱不宜灌水，通过中耕保墒，促进新根发生。雨后注意排水防涝，以免发生沤根、叶片干尖黄化甚至死苗现象。

发叶盛期，大葱对水肥的需求明显增加，灌水应掌握轻浇、早晚浇的原则，浇水时要看天、看地、看苗情。通过观察心叶与最长叶片的长度差来判断大葱是否缺水，一般差在15cm左右为水分适宜，若超过20cm，说明缺水，心叶生长速度变缓，应及时浇水。

葱白形成盛期，也是水肥管理的关键时期。灌水应掌握勤浇、重浇的原则，增加浇水次数和每次灌水量。一般6～7d浇水1次，每次浇足浇透，经常保持土壤湿润。沙壤土透水性强，保水肥能力较差，应视情况缩短浇水间隔，壤土和黏壤则应适当延长浇水间隔。

植株成熟期，叶面水分蒸腾量减小，应逐渐减少灌水量和灌水次数；收获前

7～10d停止灌水，以利收获、贮藏。

（3）追肥

大葱生长期长，为了满足不同生长时期对矿质营养的需求，除定植前施足基肥外，还应根据大葱生长发育特点分次追肥。为了尽快发挥肥效和提高肥效，追肥应结合灌水进行。定植后如遇高温条件，大葱处于恢复生长和半休眠状态，可不再追肥。当开始进入葱白形成盛期，对营养需求量加大，应及时追肥。可每亩撒施农家肥2000kg，尿素10kg后浅锄1遍。如无农家肥，应增加化肥施用量，注意补充磷钾肥。当大葱进入生长盛期，进行第二次追肥，补充速效性氮肥和钾肥，每亩撒施尿素15～20kg，硫酸钾20kg，施肥后破垄培土并浇水。当葱白生长加速，施肥仍以速效氮肥和钾肥为主，追施氮肥2次，每次每亩施尿素15～20kg，结合2次追肥施入草木灰150～250kg，或硫酸钾20kg，以促进叶身的养分向葱白转移，并增强植株的抗病能力。当大葱植株生长缓慢时，一般不再追肥。大葱须根趋肥、趋温、趋水性很强，因此施肥结合培土一起进行，一般不必开沟施肥，将肥施在葱白附近地表面上，培土覆盖。

大葱生长期的追肥，应针对各生长期大葱生长和气候特点，分期追施，不可松懈。尤其应重视后期追肥，一般最后1次追肥以收获前20d为宜。追施氮肥要根据大葱的长势、土壤性质、露地气候等因素来选择尿素、硫铵等速效化肥，如湿度大时用碳铵比较合适，而后期使用尿素比较合适，肥效快而持久。氮素化肥与草木灰同时施用时，应分开部位，以免二者发生反应而降低肥效。大葱生长期间，还可根据生长表现进行营养诊断，判断各种营养元素的多少及需求。如氮素供应过多，大葱叶片深绿、生长旺盛，但叶片机械组织不发达，脆嫩、易折，易发生病害，遇风易倒伏。氮素不足则葱叶呈淡绿色或黄色，叶片细小，植株低矮、老化。磷素供应不足时，会导致根系发育减弱，植株矮小。钾素供应不足时，葱叶的机械组织发育不良，抗病虫及抗风能力下降，光合作用减弱。

（4）培土软化

大葱葱白的伸长以叶鞘基部的细胞分裂和延伸生长为基础，培土是软化叶鞘和增加葱白硬度、长度的重要措施，也可使大葱直立，防止倒伏。培土主要在葱白形成期进行。培土应适当，一般在追肥浇水后进行，应掌握前松后紧的原则，生长前期培土不能太紧实，否则易出现葱白基部过细，中上部变粗的现象，影响质量。培土过早，环境温度高，不利于发新根、生长缓慢，容易引起烂根；培土过晚则使葱白形成的有效时期缩短，影响产量和质量。

露地大葱生产，可根据大葱的品种及葱白长短来确定培土的次数和高度，一般整个葱白生长期培土3～7次，培土高度为3～4cm。培土时取土的总深度不宜超过开沟深度的1/2，取土的宽度不得超过行距的1/3，否则会影响根系生长。大葱根系趋肥性强，可随培土高度向上伸展，土培多高，须根伸多长。但切不可一次培土过高，更不能埋没葱心，以免因培土过高而抑制叶鞘的伸展和呼吸，阻止心叶的发生。露地大葱生产以人工挖土培垄为主。培土应在土壤水分含量适宜时进行，以土壤松软、无土块为好。如果土壤过于板结，应先将沟上刨松后再进行培土。

第二章　小麦栽培及防治技术

第一节　小麦栽培科学的任务与原则

一、小麦生产的特点

（一）严格的生态区域性

小麦生产的实质，是人们利用具有不同遗传特点栽培品种的植株体，在特定气候、土壤和人为农艺措施的综合作用下，进行光合生产，通过与环境的物质和能量交换，聚积有机物质和化学能量的复杂生化反应过程。由于这个过程始终在露天的开放系统中进行，因而无法摆脱环境对其的制约和影响。我国小麦栽培地域辽阔，南起海南岛，北止漠河，西起新疆的喀什，东抵沿海诸岛；从盆地到高原山区均有小麦栽培，横跨热带、亚热带、暖温带、中温带、北温带等五个气候带；遍及湿润、半湿润、半干旱到干旱多个气候类型，气候条件复杂多样。栽培土壤也存在潮土、砂姜黑土、黄棕土、褐土、红壤土、黑垆土、黄绵土、紫色土、草甸土等60多种类型。即使地理位置相同，因地形、地貌的差异，土壤类型、土壤质地和肥力、降水量分布亦存在很大的不同。

面对巨大的环境差异，小麦生产不仅应在品种的春化、光照特性及生育期等方面与当地的气候条件相适应，而且要求栽培技术体系的各项农艺措施与当地的气候、土壤等生态条件相适应，否则劳而不获或少获。小麦生产的生态区域性特点，历来被栽培、育种和农业气象工作者所重视。

小麦栽培的生态区域性特点，决定了任何一项栽培技术体系都具有一定的局限性，同时也决定了栽培技术的多样性。冬小麦精播高产栽培技术体系，是在黄淮冬麦区小麦分蘖期时间长、积温多、光照充裕，土壤肥力较高条件下的研究成果，因而在黄淮冬麦区以及相似生态区高产田推广易获得成功，而在华南或低产田就不一定取得理想效果。同样，如四川的小窝密植、江苏稻茬小麦的轻型栽培、山西的旱地高产栽培，以及新疆的砂田栽培等技术体系，均是在特定生态条件下总结形成的，也只能在生态条件相似的地区推广应用。

（二）技术效果的不稳定性

小麦生产在露天条件下进行，是一个开放的系统。小麦在漫长的生长发育期间，可能受到多种偶然的不可控气象因素的影响，生产技术效果不像在封闭系统中进行的工业生产那样稳定，常出现“同因异果”或“异因同果”现象。所谓同因异果，即相同一个单项或综合技术，在不同的地块或不同的年份应用，不可能收到相同的技术效果。这主要是不同地块间的土质、肥力存在差异，不同年份间的降水、气温、光照变化的不同所致。甚至两年之间降水量和总积温相同，但由于时间、空间的差异，也会给小麦生长发育造成较大影响。例如，同是底墒+拔节+扬花的节水灌溉方案，在丰水和干旱两个不同的年份应用，则会收到大相径庭的技术效果。所谓“异因同果”，即采用不同的栽培技术体系，最终可能获得相近的高产。这分为两种情况：一种是两种技术在条件十分相同时，A技术的真实效果的确比B技术优越，但当气候条件不利于A技术内在优越性的发挥时，技术B就有可能取得与A技术相同或更高的产量。例如，鲁麦14号小麦品种在山东高产田适宜时间内播种，每公顷120万～180万基本苗，采用精播高产调控技术管理，产量一般高于每公顷225万～270万基本苗的常规高产栽培，但遇到像严重初冬冻害的情况下，可能取得相似的产量。二是两项不同技术，尽管在肥水施用数量与时机及其他措施方面都大相径庭，这两种技术对小麦不同生育阶段的短期效应相左，但是两种技术的远期效应，通过小麦植株自身调节功能的补偿，最终产量有可能相同。

小麦栽培技术效果的不稳定性，主要是自然气候条件不规律的瞬时变化，及其植株自身调节功能和措施操作过程中的不统一所致。因而小麦栽培必须遵循小麦生长发育及其对环境要求的基本规律，本着既唯物又辩证的原则，看天、看地、视苗情，审时度势地把握好每一项技术环节的精确实施。

（三）不可逆转的时序性

一个完整的植株体，是小麦进行光合生产和能量交换的载体，是小麦个体从一粒成熟的种子吸水萌动到新种子产生，完成整个生命周期所必需的变化过程和物质形式。而一个完整个体的根、茎、叶、花、果的分化发育具有严格的时序性，不可逆转也无法超越。因而要实现高产、优质、高效的生产目标，栽培技术必须建立在三个客观科学知识的基础之上：首先是对小麦根、茎、叶、花、果等生物学生长发育顺序一般规律和同一器官的各个不同个体出生顺序的了解。其次是栽培措施对不同器官所产生的近期与远期效应。再者就是同一个体不同器官之间和个体与群体之间的相互关系。明确上述三个方面基础知识，才能科学地安排运筹，诸如播期、密度及其肥、水等调控技术的实施时间。任何一项技术措施在时间上的超前或滞后，在数量上的不足或过量都将收到适得其反的效果。

一般情况下，高产栽培需以壮苗为基础，因而创造适宜种子萌发及幼苗生长的苗床（如土壤的湿度、温度、松紧度及矿质营养浓度适宜），并将种子适时播撒到深浅和行距适中的土壤中，是培育壮苗的最关键时机。在三叶至拔节期前则是调控分蘖多少及生长节奏的最佳时机，挑旗期前后是调控穗粒数多少的最佳时机，错过了不同器官的生长发育时机，即使追加任何良好的措施，也很难弥补前期造成的损失。例如，小花分化与发育的顺序，首先从每个小穗基部的第一个小花原基开始，逐步向高位花演进。这种分化与发育的时间序列性，使得同一个小穗中必然存在大小（质量）递减的几朵甚至十几朵小花同时存在，其中一部分发育完全的成粒，而多数发育不全的败孕。郑广华等在不同品种及不同生产条件下，研究穗粒数与可见总小花数及可见不孕小花数关系时发现：不论品种及生产条件的高低，小麦穗粒数的多少，不仅与可见总小花数量呈显著正相关关系，而且与可见不孕小花数也呈显著正相关关系，即随着穗粒数的增加，可见不孕小花数也随之增加。这一规律就是小花分化发育时序性与当时营养状况共同影响的结果。同理，栽培者要想获得更多的有价值器官，通过彻底消除无价值器官（或同一器官中无价值部分）的途径是很难实现的。张锦熙、诸德辉等研究提出的叶龄指数调控技术就是遵循了时序性的特点。余松烈等研究提出的精播高产栽培技术将春季肥水推迟到起身–拔节期，即是利用了小麦不可逆转的时序性特点。既有效地控制了无效分蘖的滋生，又加速了已有分蘖的两极分化，显著改善了中期群体内光照条件，为穗大粒多奠定了基础。

（四）综合性和相关性

小麦栽培作为一门综合性应用科学，主要是利用人为农艺技术措施干预和协调植株正常生长发育与环境之间不相适应的矛盾，是一个具有高度综合和相关性的系统工程。小麦生产过程充满了矛盾，植株与环境之间、个体与群体之间、生长前期与生长后期之间、个体内部营养生长与生殖生长之间、根系活力与土壤环境及地上植株之间，每时每刻都存在着不断变化的矛盾。一个单项技术措施实施之后，在解决或缓解当时问题或矛盾的同时，也会给后期带来各种新的问题与矛盾。这种高度综合与相关性特点要求不仅要为小麦生长发育提供良好的条件，而且更重要的还应帮助小麦提高整个生育期间抵御逆境的能力（包括不可控制的自然逆境和自身发展形成的逆境）。

因此，应按照改善光合生产系统整体性能的总原则，密切注意各个单项技术之间的相互关系，关注单项技术在解决当时问题的同时，其远期效应是否会给整个光合生产系统带来负面影响。例如，冬小麦精播高产栽培技术体系中深耘断根措施的应用，就是利用小麦栽培系统工程中各技术高度综合与相关性特点，改善生产过程整体光合性能的成功范例。深耘断根本来是一项破坏性技术措施，但在20世纪60年代的研究中发现，在越冬或返青期深耘断根，虽然近期效应表现为抑制新分蘖的滋生和已有分蘖的生长速度，但由于每个被断根尖在间隔一段恢复期之后，可喷发出更多的新根，反而促进了小麦根系生长发育和庞大根系的形成。随着研究的深入，深耘断根技术近期效应及派生的远期效应，在精播栽培体系中的综合与相关性效果逐渐清晰。

小麦栽培的综合性和相关性特点，还表现在与其他涉农学科综合和相关的层面。小麦栽培的最终目的是高产、优质、高效，这一目标的生产过程，不仅受生态环境和小麦自身生产发育规律的制约，还受社会经济及相关学科科技发展水平的限制，所以小麦栽培科学是一个综合性和相关性较强的科学技术体系。在这个体系中，栽培理论的进步和发展，与其他相关学科的发展水平存在着相互促进和相互制约的辩证关系。例如，一个高产、优质小麦新品种的配套栽培技术，必须与土壤、肥料、植保、农田灌溉、农业机械等学科的新成果有机地结合起来，方能使这个优良新品种最佳遗传潜力得到更充分的发挥。

一个科学的栽培技术体系往往是多项创新技术的集成，这个综合技术效果的总和一般低于各个单项技术的简单相加，但任何一个单项技术都不可能像综合技术那样使小麦产量提高到一个崭新的高度。

二、小麦栽培科学的任务

小麦栽培作为一门独立的学科，基本任务有四个方面：一是研究探索小麦生长发育内在的客观规律；二是研究外界环境对小麦生长发育的影响效应；三是通过研究发明创新栽培技术；四是采用综合创新技术协调植株光合生产与环境之间的关系，实现高产、优质、高效和可持续发展。

（一）研究小麦生产的一般规律

1.小麦生长发育的生物学变化规律

研究一粒休眠状态的种子，从吸水萌动到新的具有生命力种子形成过程的形态演进变化，包括根系的分化、生长到衰亡的变化规律；叶、蘖、茎的分化、生长到衰老过程的变化规律；小穗、小花的分化与生长发育规律；子粒形成过程与灌浆特点的变化规律，及其上述指标在适宜的正常范围内和超出适宜范围两端逆境条件下的自我调节范围等，是小麦栽培科学最基本的任务之一。

2.小麦生长发育最基本的生理变化规律

肥水的吸收及利用特点和规律：根据Amon与Stout提出的高等植物必需营养元素的标准，目前已知小麦必需的矿质营养元素有氮、磷、钾及钙、镁、硫、锌、铜、铁、锰、钼、硼、氯等。在这些必需营养元素中，有些元素既是小麦的结构物质，又是小麦生长发育过程中复杂化学反应及生理代谢必需的调节物质。有些虽然不是结构物质，却是生理代谢过程中不可或缺的物质。要了解小麦生长发育营养需求特点和规律，必须深入细致地研究不同栽培条件下，小麦植株对各种营养元素的吸收比例、吸收数量、阶段吸收强度、吸收后的初级分配和最终分配规律，及其这些元素丰缺给小麦生长发育带来的影响。水既是各种酶促反应的溶剂，又是结构物质，是小麦生产的物质基础。研究并揭示小麦植株对水分的吸收利用规律、耗水特征、不同生育时期对水分的效应及敏感性等，也是小麦栽培科学基本任务之一。

光合物质的生产与分配规律：一般来讲，光合作用原理及机制的探究属于纯植物生理学的研究范畴，而光合产物生产特点与分配应归属到某个作物的栽培学科，特别是现代栽培学已经与一般的生理栽培紧密相连，因而光合物质的生产、消耗及分配规律就理所当然地成为栽培科学的研究任务。要获得较高的产量，首先应研究并明确小麦生育过程中的物质生产情况，包括不同生育阶段生产量和变化规律及其在不同生产水平下的变化规律。同时还应研究光合生产的能力、光合产物在不同时期的分配动态和去向，包括初级分配和最终分配等。

3.环境条件与产量和品质的关系

研究小麦生物产量、经济产量和子粒品质的形成依生态条件而变化的一般规律。环境条件是一个广泛的概念，可分为气候条件、土壤条件和栽培、耕作技术条件几大项。气候条件具体又可被细分为光照、温度、降水量、CO_2浓度、空气湿度等的时空分布；土壤条件具体又可被分为土壤类型、土壤质地、土壤湿度、温度、矿质营养浓度、各种营养的比例、土壤坚实度、土壤空隙度、土壤微生物活性等；栽培耕作技术具体又可被分为耕翻、播种、肥水的补充供给和轮作、间作等。研究探讨各项外部环境由最低到最高的变化过程中，对小麦生长发育、产量及品质形成之间相互关系、一般规律和胁迫条件下的变化规律，是小麦栽培科学又一项重要的任务。

（二）研究小麦光合系统生产性能的相互关系及调控措施

1.光合性能与产量的关系

作物光合系统生产性能的五个方面，即光合产物的多少取决于光合面积、光合能力和光合时间三项因素。光合产物能否积累或积累多少，则与光合产物的消耗有关。至于最后经济产品器官的发达与否、比重的大小（经济产量），还应看光合产物的分配利用情况。光合性能与产量之间的关系可用下列公式表达：

生物产量=光合面积×光合能力×光合时间–消耗

经济产量=（光合面积×光合能力×光合时间–消耗）×经济系数

由此可知，小麦经济产量与光合性能五个方面是一种复杂的函数关系，这种复杂关系不仅表现在直观的数学公式中，更深层的复杂关系还反映在生产实践中，即五个方面所表现出的既相互促进又相互抑制的复杂变化。因而，决定小麦经济产量和光合利用率高低的关键在于如何调动光合性能五个方面的积极因素。小麦栽培的一切措施主要是通过改善光合性能而起作用。

2.光合性能的一般变化规律及其调节

（1）光合面积

光合面积是光合性能诸因素中变化范围最大、最易于调控且与产量最为密切的方面。小麦的光合面积由叶、茎、鞘和穗的绿色部分组成，在拔节之前主要是叶片，拔节–挑旗（孕穗）阶段由叶片和叶鞘组成，抽穗之后由叶片、茎鞘和穗器官组成。随着生育期的推延，叶片逐步地衰老枯萎，因而在光合面积中的比重也逐步降低。叶面积大小与光合性能其他四个方面存在复杂的辩证关系，因而与产量的关系也是复杂的，并非全生育期间的积分值（光合势）或某一个阶段瞬间数值的大小所能反映的。首先是生育期间的动态分布是否科学，即创建丰产基础框架阶段的光合面积，是否可与产量形成关键阶段维持较长光合势相适宜。其次是光合面积的空间分布，在解决高产麦田生育后期的群体与个体矛盾中，叶片的空间分布状态十分重要，一般坚挺的叶片与茎的夹角较小，易于对早晚弱光的利用和正午强光的躲避，对改善群体内部光照，增加群体容纳量具有积极的意义。

叶面积的调控分为植株自我调节和人为调节两个方面。自我调节是小麦植株生长发育与环境条件的适应性表现，存在以下基本规律：一是植株与环境条件间适应过程的自我调节需要一定的时间，时间越长，自动调节的效果越明显。在基本苗差异较大的播量试验中，通过自我调节的作用，群体总叶面积的差异幅度通常表现为：前期大于中期大于后期。二是自我调节的结果总是使具有巨大差别的群体叶面积逐渐趋于稳定，而个体差异趋于扩大，这也主要是对环境适应的表现。三是不同品种间自我调节的能力有一定限度，一般通过增加单株茎数和增加单茎叶面积两种途径来实现。分蘖力和成穗率均较高的品种，在空间和土壤营养不受限制的情况下，单株叶面积具有较大的变化范围。分蘖力和成穗率均较小的品种，自动调节的范围较小。

叶面积的人为调节，则是人们利用肥水的施用时期及数量，播种密度、时期，播种方式（如间作、套种），及其断根、划锄或化控等农艺措施，对小麦自我调节能力或节奏的一种补充，使叶面积扩展速度始终按照合理的范围进行扩展。一般在低产条件下，可通过改良土壤、增加肥水、缩小行距、增加播种密度实现叶面积扩大。在高产及更高产条件下，往往出现群体叶面积过大，群体中、下层光照、通风等条件恶化，削弱个体进而影响光合性能的其他方面。此阶段人为调节的着眼点主要应放在改变叶片形态的空间分布，通常采用控制氮肥和水的供给时间及供给量，塑造厚而坚挺的叶片，在保证较高叶面积的基础上，改善群体内的光照条件。从动态分布方面，一般按照某个品种单茎绿叶面积的大小及群体最适容纳量，来调控生育前期的单位面积茎数及适宜的叶面积。小麦生长发育的时序性决定了光合面积不可能像多年生植物那样在短时间内达到最大值，因此，小麦生育前期的漏光损失不可避免。为提高单位面积光能利用率，实践中常通过在行间间作、套种低温耐寒且生育期较短的蔬菜类作物加以解决。

（2）光合速率

光合速率通常以单位绿色面积在单位时间内同化的数量来表示，从光合性能的角度进行理论分析，小麦生物产量的高低与光合速率应存在密切正相关关系。但是近些年研究证明，不同栽培措施及品种之间，光合速率的变化存在一定的差异，特别是在干旱或高温等胁迫条件下，这种差异不亚于叶面积的变化幅度，只是这种差异不如叶面积变化那样直观、显著。光合能力自我调节和人为调节的效果也不如叶面积那样显著，通常可通过两种途径加以改善：一是通过不同育种途径进行品种改良，选育光照和CO_2补偿点较低，光饱和点较高，午休短、光呼吸低的高光效品种。二是通过栽培途径，主要是通过培肥地力，提高土壤协调水、肥、气、热的功能，保证各类矿质元素的充足供给和各种元素间的合理搭配，及适宜水分的供给来调控株型，培育根系发达、个体健壮的高质量群体，以改善群体内光照和通风状况，使群体高效光合层内温度和CO_2的供给保持在适宜光合的范围之内。

（3）光合时间

如果将光合面积及光合速率视为“工厂”的“厂房”规模及“机器”的性能，那么产品的多少则取决于“机器”工作时间的长短。同理，在光合面积和光合速率确定之后，光合产物的多少主要取决于光合时间的长短。从自然气候等外部条件分析，光合时间的长短取决于小麦生育期及昼夜比例和白昼间光照率。从小麦植株本身的内部因素分析，光合时间主要与叶片及其他绿色器官的寿命直接相关。栽培科学的任务主要是研究不同生态区域内，叶片和其他绿色器官衰老的原因及其与环境之间的关系。研究并应用有效的创新技术，促进根系保持较高的生理活性，提高植株抵御高温、高湿、干热风等逆境的能力，延缓主要光合器官的衰老进程，才能使产量形成期的光合时间得以延长。

（4）光合产物的消耗

光合产物的消耗与产量呈负相关。消耗包括叶片枯黄脱落，病、虫危害及机械损伤等，但主要是呼吸消耗。呼吸是氧化分解有机物放出CO_2、H_2O和能量的复杂过程。小麦叶片呼吸消耗相当于光合生产的5%～10%，加上其他非光合器官和夜间呼吸，一般晴朗天气一昼夜的呼吸消耗占当天总光合生产的20%～30%。暗呼吸是推动小麦生命活动中各种代谢所需能量的来源，因而是一种积极消耗，是不可或缺的生理过程；而绿色组织与光合作用相伴发生的光呼吸，既消耗大量有机物，又不能将能量储存于ATP中，目前尚不明确它的积极意义，一般被视为无效消耗。从支配和协调光合性能的五个方面统筹考虑，最大限度地减少消耗，无疑具有积极的意义。但从生理过程来讲，呼吸消耗降低到什么程度不至于影响光合及代谢，研究报道差异较大，尚没有一个量化的标准。栽培技术的调控往往以严格防治病虫草等的危害，特别是为生育后期提供最适宜的土壤水分、养分和群体内部正常的温度、光照为目标。

（5）光合产物的分配利用

光合产物分配到高经济价值产品器官的多寡，是影响经济产量的主要因素，也是提高经济产量的重要途径之一，备受重视。总光合产物分配到子粒中的比例被称为收获指数，受生长顺序性的制约，子粒的形成必须以一定数量的营养体为基础，当基础太小时收获指数等于零。在肥水等环境条件受限的逆境条件下，出于自身繁衍的需要，收获指数大于零时的干物质基数较小；而在优越环境条件生长的个体植株，收获指数大于零时的干物质基数可能比前者大数十倍。在群体生产条件下，有一定的规律：当产量水平处在低产阶段，子粒产量随着总干物质的提高而提高，与收获指数的相关并不显著。

栽培技术对光合产物分配利用的调控效果十分显著，前期的调控技术一般以健壮个体的培育为核心，而后期则以塑造理想株型为重点，并以此为基础，靠健壮个体的自我调节功能处理好“库”“源”“流”的平衡与协调，适当扩大库容量，增加和稳定源器官不过早衰老，增强流的运输量，是解决高产、更高产阶段矛盾的主要任务。

三、小麦栽培的基本原则

在小麦生产过程中，无论是单项技术的研发和应用，还是综合技术体系的组装和推广，都应在遵循小麦生长发育、产量形成规律，及其小麦生命运动对环境条件的要求和反应等最基本规律的总前提下，以提高对光、热、水、土等自然资源的利用率，降低成本，提高经济效益，改善生态效益，促进可持续发展为原则。

（一）提高自然资源利用率，增加单位面积产量

1.选择与生态特点相适应的品种，采用配套栽培技术，充分发挥品种遗传潜力

小麦的不同品种间，生育期长短、不同生育阶段的生长速度，丰产潜力，营养、加工品质，抗病、抗虫、抗高温、抗盐碱等方面都具有自身的遗传特点。依据这些特点，选择与瘠薄旱地、肥沃旱地、一般水浇地、高肥水浇地、盐碱涝洼地、稻茬地相适应的品种，进行合理布局，并采用配套的栽培调控技术，使不同品种小麦的遗传潜力得到充分发挥，是提高光能利用率的有效方法及途径。

2.培肥地力，健全灌排设施，使肥水不再成为生长发育的限制因素

在中、低产条件下，土壤肥力的不足及其水分亏缺或多余，往往是提高光能利用率的主要限制因素。采取增加有机、无机肥的投入量，科学搭配好大、中、微量营养元素的比例和深松耕等措施，改良土壤，提高土壤肥力，建立完善的灌溉和排水设施，实现旱能浇、涝能排，在短期内能够改善土壤水分状况，并保持在符合小麦正常生长发育的范围之内，使肥水不再成为光合生产的最小限制因素，是提高光能利用率的基础。

3.建立合理群体结构，处理好个体与群体、营养生长与生殖生长的关系

小麦生育前期，即拔节之前的漏光损失，气温低于零摄氏度的越冬期间的光能损失，生育中、后期群体内的遮阴及反射损失，成熟前衰老器官的吸光损失，及群体中、下部光照不足等因素给光合性能带来的不利影响，是影响产量和光能利用率的另一个重要因素。建立合理的群体结构，处理好个体与群体、前期与后期、营养生长与生殖生长之间的辩证关系，采取合理的耕作制度，选择科学衔接上下茬之间的方式与方法，附以适宜的间作套种或地膜覆盖等，是减少光能损失的有效措施，也是科学栽培的重要任务和原则。

（二）高效利用有限资源，提高经济效益

在粮食短缺、供不应求的计划经济时期，成本和效益问题在生产中往往被忽视。现代农业生产是一种经营，追求利润的最大化，是小麦栽培的最终目标。高效利用有限资源，按照生产的可行性、经济的合理性、技术的先进性选择技术，降低成本，提高产投比和经济效益，是小麦栽培科学必须遵循的原则。

1.依靠精准适量的农艺措施，实现有限资源的高效利用

肥料（有机和无机）、灌溉水、农药、除草剂、机械及种子，是小麦生产过程中最主要的物化性投入，这些物质的生产需消耗大量的能量和物质原料，属于有限资源，不是取之不尽用之不竭的无限资源，使用这种资源进行小麦生产，并达到高产、高效之目的，唯一的方法必须本着生产的可行性、经济的合理性、技术的先进性标准，优化选择精确适量的农艺技术。

受报酬递减规律和小麦生长发育内在规律的双重制约，生产中常出现技术的上限产量与经济效益上限不相一致的局面。这就要求栽培者必须探讨资源利用的最适度与最大经济效益之间的关系。

受最小因子律的限制，小麦生长发育过程中对氮、磷、钾及各种中、微量元素的需求是不可替代的，肥与水之间虽存在一定的互补关系（通常所讲的以肥调水或以水济肥），但这种互补效应十分有限。这就需要栽培工作者在不同的生产条件下，做大量的单因子或复因子试验，以寻求不同营养元素之间的最佳配比，及肥料与水分的耦合效应。并以此为基础，经过优化，组装出符合小麦需肥和需水规律的节水、节肥栽培技术。或采用计算机模拟技术进行管理，实现及时、精确、适量的要求，方可达到高效利用有限资源的目的。

2.选择高效品种，提高有限资源的利用效率

选择利用节肥节水型小麦品种，不仅有利于土壤生产力的可持续发展，而且是降低生产成本、提高经济效益的有效途径。选择适宜对路品种，是节约肥水、提高肥水利用效率的有效途径。

3.提高机械化作业水平和覆盖率，促进标准化、规模化生产

提高小麦生产机械化作业程度，是农业技术进步的重要标志。注重农机农艺相结合，研制并推广应用与小麦生产系统相适应的作业机械，一是可提高人力资源的劳动生产率，使更多的农业劳动力从繁重的体力劳动中解脱出来，从事其他

的非农产业。二是可以使小麦高产的各项栽培技术能够按照规范化、标准化的要求，适时准确地进行大规模的作业，避免人工作业的各种缺陷，从而提高土地生产率和经济效益。三是机械化可帮助人们完成比较难以操作的技术，有利于耕作制度及种植方式的变革，提高复耕指数。

小麦生产机械化的内容很多，包括种植之前准备作业的机械化，如平整土地，修筑梯田，开挖排、灌水渠等农田基本建设机械化；翻耕、深松、耙耢、筑埂、镇压等土壤耕作机械化；种子的精选、包衣、播种及基肥施用机械化。田间管理机械化，如追肥、中耕、病虫害防治、灌水等机械化。收获及运储过程的机械化，如收获、脱粒、晾晒、秸秆处理及产品的贮藏、加工机械化等。

由于我国人口密度大，人均耕地少，生产体制处在小规模分散经营阶段，导致了小麦生产对机械化的实际需求不高。目前实行的机、农分离的双层经营模式（土地由农户经营，机械由集体或专业户经营），机械化作业仅限于耕翻、播种、收获等主要过程；加之过去科研机构的条块分割、多头管理体制的局限，在农机农艺联合攻关、研制与复杂农艺要求相配套的综合性作业机械方面，相对薄弱。例如，保水保肥的保护性耕作机械，不同间套方式的联合作业机械，节水效果最好的滴、渗灌机械等尚有很大的差距。提高机械化，实现标准化、规模化是提高经济效益和资源生产率的有效途径，也是今后小麦栽培应注意的努力方向。

4.简化栽培管理环节，提高经济效益

精耕细作是我国劳动人民长期从事农业生产智慧的结晶，享誉世界，它对我国不同历史时期的粮食安全做出了贡献，应继承和发扬。但精耕细作本身意味着烦琐的管理环节，在市场经济商品生产的今天，小麦生产必须以经济效益为中心。为了降低成本，提高效益，简化栽培是今后的发展方向。例如，氮肥的施用次数和施用方式，在缓效肥料没有普遍推广应用之前，若采用多次施用和分层施用时，仅比一次性底施肥增产3～5kg，那么就应一次性施用，因为多次施肥的技术经济效益低于施肥所用人工的成本，中耕、划锄、浇水等均是如此。

（三）改善品质，高产与优质相兼顾

改善品质，提高人们营养水平是我们的努力方向，然而目前的品质问题已成为小麦栽培和育种研究的主要内容，高产问题反而被忽视。从我国人多地少的基本国情出发，小麦的高产研究是栽培和育种界永恒的课题，只有在数量足够的前

提下，才能提到质量，因而小麦栽培的技术研究必须遵循数量、质量相兼顾的原则，不可偏废。

（四）改善环境，维持土地可持续发展

保护生态环境，促进可持续发展，是当今世界全体人民的重要任务和行为准则。生态是一个庞大的系统工程，涉及多种学科和生产部门，具体到小麦栽培学科所涉及的技术主要体现在以下五个方面。

1.培肥地力，防止土壤生产力退化

避免靠降低投入追求当年或近期高效益的掠夺式生产，应依据营养归还理论的要求，不断向耕地增施有机和无机肥料，以改善土壤结构和营养水平，使土地越耕越厚，越种越肥，常耕常新。

2.适量施用氮、磷等化学肥料，防止浪费和污染

由于氮、磷肥的肥效快，增产显著。但施肥过量，超过小麦正常生长需求，会导致水体、土体污染，硝态氮含量增加，水体富营养化等，且危及环境。科学的方法是应根据小麦生产的实际需要而进行适量施肥。

3.推广应用生物农药，防止化学合成农药给环境带来的污染

在防治病、虫、草害过程中，使用农药过多，导致环境污染和产品的农药残留过量，是小麦生产中危及环境和人类食品安全的最主要环节。小麦栽培科学的原则应是尽量减少或避免生产过程给环境和产品带来污染。大力发展高效低毒的生物农药和生物综合防治技术，是今后病、虫、草害防治技术的发展方向。

4.防止污水灌溉和城市垃圾肥的施用

工业废水和城镇生活垃圾，含有大量的重金属离子及各种化学有毒物质，在小麦生产过程中应尽量少用或不用，以保证产品的安全。对已经污染的麦田，应采取生物或化学修复的方法进行逐步恢复。

5.避免单一种植，提高抗御自然灾害的能力

小麦生产使用的品种，是经过遗传改良驯化的栽培品种，因而在它获得诸如高产、优质等遗传优点性状的同时，也获得了适应自然逆境能力较弱的不良性状。一个地区或某一个品种的种植面积过大，往往会降低抗御自然灾害的能力。为了减轻霜冻、干热风、冰雹等自然灾害和对土地充分利用应尽量避免单一种植，与其他作物按比例搭配，维护业已脆弱的生态平衡。

第二节　不同栽培技术措施对小麦产量的影响

一、不同栽培技术措施小麦产量影响因素研究

小麦产量的高低，不仅受品种自身遗传因素制约，还与栽培措施密切相关。研究表明，改良品种和栽培措施调控已成为我国小麦产量提高的主要措施，寻求不同地区高产的适宜品种和栽培措施使小麦产量持续提高，保障粮食安全是亟待解决的问题。

（一）播期对小麦产量及产量构成要素的影响

前人关于播期对小麦产量的影响报道很多，一般认为，适当早播或晚播均有利于产量提高。姜丽娜等人提出，适当晚播有利于灌浆期籽粒保持较高的灌浆速率，提高籽粒产量；适当早播，有利于产量的提高。但吴九林等研究表明，播种期推迟到临界值时，弱筋小麦籽粒产量随着播种期的推迟而提高。同时，也有研究表明，播种提前或推迟提高产量，必须配合相应的栽培措施，但结论也不一致。比如曹帆认为播种提前或者推迟均要适当加大播种量才有利于籽粒产量的提高，而马东钦等人认为小麦早播应该适当降低基本苗，晚播要加大播种量，才能取得高产。可见，在气候变暖背景下，寻求不同生态点适宜播期是获得小麦高产的关键。

产量结构是构成小麦籽粒产量的重要因素。播期引起小麦减产或增产的原因与其构成要素密切相关。一般认为，播期对产量显著影响主要受单位面积穗数、千粒重变化，受穗粒数影响不大。对于单位面积穗数和千粒重受播期显著影响的研究表明，单位面积穗数随着播期的推迟呈先升后降；而千粒重受播期的影响研究结论却不一致，如随着播期的推迟，千粒重呈下降、上升和先升后降趋势的结论。可见，播期对小麦产量构成要素的影响较大，进一步研究气候变暖条件下产量构成要素的影响很有意义。

（二）密度对小麦产量及产量构成要素的影响

合理密植是作物获得高产的基础，也是小麦高产研究的热点。研究表明，种植密度对小麦产量有显著影响，但关于种植密度的产量效应因环境条件、品种等而异。朱翠林等在旱地条件下研究表明，基本苗在105万·hm^{-2}～525万·hm^{-2}时小麦产量随着种植密度的增加而降低；赵德明在河西绿洲区研究发现，密度范围在525～675万基本苗·hm^{-2}时冬小麦可获得较高的籽粒产量。刘丽平等研究表明，在春季降雨较少的条件下，灌拔节水和孕穗水，种植密度为300万基本苗·hm^{-2}时就可以满足小麦正常生长发育、群体结构的合理构建和高产的需要。品种不同，种植密度对小麦籽粒产量影响也不同。张娟研究表明，济麦22在种植密度为240万·hm^{-2}，泰农18在种植密度为405万·hm^{-2}时籽粒产量最高。可见，无论灌区还是雨养农业区，无论何种品种，都是通过调整种植密度至最佳范围，为小麦创造一个个体生长健壮、群体适宜的群体结构，从而获得高产、稳产。

单位面积穗数、穗粒数和千粒重之间相互制约、相互联系，共同决定着小麦籽粒产量的高低。马东钦等研究表明，种植密度对小麦穗数和穗粒数影响明显高于千粒重，增加种植密度，亩穗数逐渐增多，穗粒数却逐渐减少，而千粒重变化不明显，这与国外部分学者的研究一致。也有研究表明，增加种植密度，有效穗数明显增加，而千粒重、穗粒数总体下降。而于振文研究表明，随着种植密度的升高，穗粒数增多，千粒重降低。因此，在不同环境条件，如何通过合理密植协调穗粒数、亩穗数、千粒重的矛盾，解决株体发育与群体发展的矛盾，建立合理的群体结构，是提高产量的关键。

（三）氮磷肥配施对小麦产量及产量构成要素的影响

我国是一个农业大国，提高土壤肥力是农作物增产的主要原因。近年来，我国化肥施用量不断上升，尤其是氮肥用量，年氮肥用量超过2700万t，占世界总用量的30%以上，但各种农作物对氮肥平均利用率为40%～50%，磷肥仅为10%～20%。过量施肥，不仅浪费资源，降低化肥效益，还加剧土壤水分的消耗，不利于作物产量的提高，且污染环境。因此，合理施肥对于推动农业生产向高效高产发展具有重要意义。

已有研究表明，当磷肥用量一定时，小麦籽粒产量并非总是随着氮肥用量的增加而增加，产量与施氮量呈抛物线关系，产量开始随着施氮量的增加而增加，当增加到某一个水平时，继续增加施氮量，产量反而下降。陈磊等研究表明，在旱地施氮肥可显著提高冬小麦产量，但增产幅度随降水量的减少而降低。宋明丹等在关中平原灌区研究发现，在施氮0～210kg·hm^{-2}范围内，冬小麦产量随着施氮量的增加而增大。

磷肥不仅促进小麦根系的生长发育，还可以促使根系向深层土壤中吸收水分，提高小麦的抗旱能力。研究表明，合理施磷肥可显著提高产量。事实上，氮磷配施更有利于肥效的发挥，对于提高肥料利用率和肥料增产效率具有重要的意义。因此，寻求最佳氮磷配施比一直是小麦生产科学研究的重点工作。但是，最佳氮磷配施比因地域、土壤肥力等而异。张焕军认为氮磷施用存在最佳配比，即当氮肥用量220（N）kg·hm^{-2}、磷肥用量160（P_2O_5）kg·hm^{-2}时小麦产量最高。赵德明等认为氮磷配施比为225（N）kg·hm^{-2}：160（P_2O_5）kg·hm^{-2}时小麦产量最高。可见，低氮低磷和低氮高磷配施均有利于小麦产量和小麦产量形成因素的提高，且小麦的抗旱能力也有一定的提高。此外，施肥时期、施肥方式、品种也是影响肥料增产效率的主要因素。拔节期施氮有利于小麦获得高产，但是基追比因总施氮量、品种而异。

（四）灌溉对小麦产量及产量构成要素的影响

灌溉量、灌溉时期和灌水次数均显著影响小麦产量的高低。程献云等研究指出，灌水量与产量存在二次抛物线关系，意味着在灌水量超过最佳灌水量时，继续增加灌水反而减产，但最佳灌水量因品种、土壤肥力、气候条件而异。

灌水次数也会影响小麦产量高低。吕凤荣等人研究指出，在底墒较好、出苗保证条件下，减少灌水次数可以获得高产；赵广才等指出，灌3水比灌1水的产量及产量构成要素均高。可见，灌水次数对产量及产量构成要素的影响还有待进一步研究。

不同生育期灌水小麦的产量效应不同。在水资源紧缺的条件下，在小麦关键期灌水既可获得高产，又可节约水资源。兰霞等表明，仅拔节期灌水，尽管单位面积粒数最高，但粒重不高，产量下降。王晨阳等研究表明，在小麦花前限量灌水条件下，开花后少量灌水可获得较高的籽粒产量。于振文认为在节水灌溉条件下，保证小麦关键生育期灌水即可获得较高产量，因此，灌关键水是当前节水的主要途径。

灌水对小麦产量构成要素的影响也不同。王晓英等研究表明，灌水对千粒重的影响较大，增加灌水次数，千粒重下降，穗粒数和亩穗数均表现先增后降的趋势。任三学等研究发现，有效穗数与灌水次数间存在正相关，灌4水处理的小穗数、穗粒数、穗粒重均最高，从而表现出明显的产量优势。贾树龙等指出，拔节期至孕穗期缺水，有效穗数降低是导致减产的最主要原因，但在施肥条件下，穗粒数对产量的影响最为明显。可见，灌水对产量构成要素的影响还与施肥状况有关。

（五）覆盖对小麦产量及产量构成要素的影响

地表覆盖栽培技术的应用几乎与农业生产同时兴起，是我国旱农区推广应用最多的一项栽培技术措施，其覆盖材料有砂石、作物残茬、秸秆和塑料地膜等，其中以作物秸秆和地膜覆盖应用最为广泛。地膜和秸秆覆盖对小麦产量的影响因覆盖方式、覆盖量等而异。大多数研究表明，秸秆和地膜覆盖均能显著提高小麦产量。刘党校等认为地膜全覆盖具有良好的保墒增温效果，同时缩短了小麦幼穗分化时间和分桑穗与主茎穗分化的天数，使得分桑成穗率提高，增加小麦成穗数，从而提高了产量，这与杨小敏等人的研究一致。杨长刚等人在西北旱地通过比较不同地膜覆盖、秸秆覆盖方式的产量效应发现，覆盖的增产作用首先体现在单位面积穗数上，其次为穗粒数，千粒重对产量的影响较小。

事实上，近年来研究表明，地膜覆盖和秸秆覆盖并不总是呈正效应，覆盖有时存在减产现象，但关于减产原因众说不一。在地膜覆盖上，多数学者认为地膜覆盖之所以减产主要是由于地膜覆盖后小麦前期生长旺盛，过度消耗了土壤水分和养分，致使小麦后期水肥供应不足而造成的。也有人认为是地膜残留造成土壤通气不良，不利于植物根系的生长和养分的吸收，造成的减产现象。秸秆覆盖上，多数学者认为要使秸秆覆盖不减产，必须配施适量的氮肥，这是由于微生物分解时必然会与作物争夺氮素，土壤氮素不足，作物减产。也有研究显示，秸秆覆盖能否增产及增产幅度的大小还与覆盖量、降水年型等有关。由此可见，无论秸秆覆盖还是地膜覆盖，其减产原因都是覆盖后引起土壤养分的过度消耗，土壤肥力不足，引起作物减产。因此，因地制宜选择覆盖材料、覆盖方式，减少养分的过度消耗，提高小麦产量，是当前保障西北旱地小麦稳定高产的关键。

二、不同栽培技术措施小麦耗水与产量的关系研究

产量和耗水量是小麦节水高产栽培的参考依据。麦田耗水量是小麦从播种到成熟整个生育期间消耗的总水量，以植株蒸腾和棵间蒸发消耗为主。研究表明，冬小麦全生育期耗水量平均为400～500mm，有时高达600mm左右，但研究表明，冬小麦全生育期耗水量在370～440mm时即可获得高产。申孝军等研究认为小麦全生育期耗水量为416.5mm时产量最高，耗水量超过此值，则产量下降。由此可知，产量与耗水量存在密切关系，但到底存在什么样的关系因品种和栽培措施而异。

（一）不同播期小麦耗水量与产量关系差异

为了适应某地区气候条件的变化，选取适宜的播种时间及合理的管理措施，可以获得高产或最佳的效益。毛思帅等研究表明早播小麦的年前耗水量和全生育期耗水量显著高于晚播，日消耗水量主要体现在中午12：00以后，占日耗水量的56～72%，日耗水速率在13：00～14：00最大，为1～2mm·hm^{-1}。而水分利用效率、产量均表现出早播高于晚播。裴雪霞等研究表明，在暖冬条件，冬小麦播种过早，会导致前期水分大量消耗，如遇到不利气候极易发生冻害。过晚播种冬前耗水虽然明显减少，但小麦扎根浅、穗小、产量不高。王志敏等表明，适当晚播可以减少前期肥水消耗，既可防止冬季寒害，又可免浇冬灌水，节水省肥增产效果明显。因此，寻求最佳播期，减少下午日耗水量，提高水分利用效率是节水高产的重要途径。

（二）不同密度小麦耗水量与产量关系差异

播种密度可通过改变土壤水分利用模式进而影响小麦产量。王同朝等研究表明，增加种植密度，土壤贮水消耗量和总耗水量增加，水分利用效率却越低。种植密度对土壤水分利用效率的影响也因栽培措施有关。王立明认为传统耕作条件下小麦抽穗期土壤贮水量随播种密度的增加而降低，籽粒产量与播种密度呈二次抛物线关系。李尚中等研究表明，耗水量随播种密度的增加而增加，水分利用效率与播种密度呈二次抛物线关系，认为适当稀植栽培能显著提高冬小麦的产量和水分利用效率。刘俊梅等研究表明在休闲期降雨丰富，生育期特旱的气候条件

下，播种密度对小麦产量没有影响，但显著增加耗水量和降低水分利用效率，播种密度对产量和水分利用效率均无显著影响。可见，密度条件下产量与耗水量的关系因地区、栽培方式而异。

（三）不同氮磷肥配施量下小麦耗水量与产量关系差异

土壤肥力和水分利用效率低下已成为现代农业生产的主要因素。施肥可使作物吸收利用更多的土壤水分，提高土壤贮水量。陈培元研究指出，磷肥可显著增加小麦产量和耗水量，但对产量的促进作用大于耗水量。有研究指出，土壤水分与最佳施磷量密切相关，干旱条件下施磷肥可明显增加耗水量，但灌水条件下施磷肥却降低了小麦耗水量。但许卫霞等认为在相同灌水水平条件下，施磷肥可明显增加耗水量，也有研究指出，施磷对小麦耗水量的影响无显著性差异。

氮肥对小麦增产及土壤水分利用影响较大，且影响差异与土壤水分密切相关。在土壤水分不足时，氮肥可促进小麦地上部生长，蒸腾量增加，土壤水分蒸发降低，水分利用效率提高；施氮量越多，蒸腾失水越多，降低营养阶段水分利用效率，相反，土壤水分条件较好时适当增加氮肥用量，可显著提高小麦的水分利用效率。栗丽等研究指出，增加施氮量可降低降雨量和灌水量占耗水量的比例，增加土壤供水占耗水量的比例，有利于土壤贮水的高效利用。

研究表明，氮磷配施能有效提高小麦的水分利用效率，且水分利用效率随氮磷配施水平提高而增加。刘德平等研究表明，氮磷合理配施能够显著增加土壤贮水量的消耗，提高小麦对土壤水分的利用。可见，氮、磷及氮磷合理配施均能促进小麦冠层发育，蒸腾量增加，蒸发量降低，腾发比增加，水分利用效率及产量大幅度提高。

（四）不同灌水量下小麦耗水量与产量关系

目前，关于灌水对小麦籽粒产量及耗水量的研究报道较多。不同灌水处理显著影响小麦耗水特性和籽粒产量。研究表明，灌水量越多，耗水量也相应增多。黄伊丽（Huang Y L）等研究表明，小麦生育期灌水量45mm的处理较灌水量15mm总耗水量多8.18个百分点，土壤贮水消耗量降低17.43个百分点。杨晓亚等研究指出，增加灌水量，小麦生育期总耗水量会逐渐增加，土壤耗水量模数降低。研究也表明，增加灌水次数，灌溉水的利用效率逐渐减小。成雪峰等在河西灌区研究表明，春小麦生育期2次灌水处理的平均产量、水分利用效率较其他处理均提高10%以上。

（五）不同覆盖措施小麦耗水量与产量的差异

秸秆和地膜覆盖均能改善土壤水热条件，促进小麦正常生长，提高有限降水的利用效率，但水分利用效率差异因覆盖方式而异。王红丽等认为全膜覆土穴播种植方式能提高小麦出苗后耗水速度，同时增加了耗水量，其中以拔节–扬花期耗水最多，且此阶段耗水量大小与干旱程度呈正相关。杨长刚等研究表明，全膜覆土穴播可增加冬小麦拔节前土壤贮水量，提高拔节至成熟阶段的耗水量及其占总耗水量的比例，且受干旱程度影响也较为明显。刘小兰等研究表明，土壤底墒不足或遇到干旱年份时，地膜覆盖对土壤深层水分利用更加明显。由此可知，覆膜的高产是建立在高耗水基础之上的。

秸秆覆盖可抑制苗期土壤水的无效蒸发，增加小麦需水关键期耗水，促使农田水分状况趋于协调。研究表明，采用生育期秸秆覆盖方式，可使土壤贮水量增加5～8%，蒸发量减低11～13%。刘俊梅等研究表明，休闲期秸秆覆盖较露地增加小麦耗水量20%，水分利用效率降低11%。昂格尔·保罗（Unger P W）等研究指出，降水量不足时，即使采用高覆盖率，秸秆覆盖对提高储存水的利用效率也无显著影响。可见，秸秆覆盖的耗水量与产量差异因覆盖方式、环境条件而异。

三、不同栽培技术措施小麦营养生长与生殖生长的关系研究

小麦营养生长与生殖生长是相互促进和相互制约的关系。在目前高精度的小麦生产条件下，小麦产量的提高主要是由于资源分配格局发生了变化，如株高降低释放的生物量被用于小麦籽粒的建设，从而增加了产量。干物质是小麦光合作用产物的最终形态，小麦产量的高低与干物质的积累、灌浆特性密切相关，但干物质的积累、分配及灌浆过程是一个复杂的过程，受品种、外界环境以及栽培措施的制约和调控。生物量和收获指数与籽粒产量关系密切，但关于籽粒产量提高的途径是通过提高收获指数还是增加生物产量结论不一致。大多数研究认为，小麦籽粒产量的提高是依靠提高收获指数来实现，也有研究表明，产量提高是收获指数提高并伴随着生物产量的提高的结果。因此，探索不同品种和栽培措施条件下小麦营养生长与生殖生长的关系，对于明确其增产机制具有重要的意义。

（一）不同播期小麦营养生长与生殖生长的关系研究

株高是影响小麦高产、稳产的重要性状。研究表明，株高与单株粒重呈显著正相关，株高增加1cm，单株粒重可增加0.24g，而降低株高，可提高小麦的抗倒伏能力，提高收获指数，因此，培育理想株型是育种的重要目标。通过改变播种时间，调整小麦的光、热、水分等资源，株高表现差异较大。研究表明，晚播可降低小麦的节间长和株高，早播的植株高度明显高于晚播，主要是由于晚播导致冬前积温降低，减少了光合物质积累量，从而影响小麦的生长发育。研究也表明，在小麦生长的个体指标中，播期对株高的影响差异最大，但播期对应的株高最大值因品种、环境因素而异。

作物干物质积累量是产量形成的基础，也是衡量作物生长发育及农艺措施适宜与否的重要依据。播期对小麦个体、群体干物质积累量均表现出一定规律。屈会娟等认为适当晚播有利于提高单株干物质的积累，随播期的推迟，开花期和成熟期各器官的干物质积累量逐渐增加，同时也增加了营养器官开花前积累干物质向籽粒的转运率，而移动率则正好相反。王树丽研究表明，随着播期推迟，花前群体干物质积累量下降，但花后群体干物质积累量随播期推迟下降不显著。播期对干物质量影响在各个生育期表现不一。曹帆研究表明，前期随着播期的不断推迟，积累量不断降低，开花期后表现为先上升后下降的趋势。杨健等认为，拔节期之前干物质积累量在不同处理间差异比较大，灌浆期差异变小。适期早播，保证冬小麦冬前有一定生长积温，是冬小麦冬前形成壮苗的基础，而冬前壮苗又有利于小麦返青后的干物质积累和生殖器官的生长；晚播小麦虽然返青后干物质积累的速率加快，却弥补不了由于晚播使绿叶面积减少造成的干物质积累的减少，从而最终影响产量的提高。

小麦收获指数是影响小麦单产的重要生物学参数，通常用小麦籽粒产量占地上生物量的百分数来表示，其大小不仅决定小麦单产水平，还对小麦光合产物运转、分配及器官发育建成有重要的影响。研究表明，播期对小麦收获指数有明显影响。由于小麦籽粒的灌浆过程决定着小麦籽粒产量的高低，因此，灌浆特征研究是小麦高产研究中的重点领域之一。在亚热带小麦栽培区，25～32℃是最适宜的灌浆温度，因此，播期可影响小麦灌浆特性，但差异大小因品种、环境而异。

（二）不同密度小麦营养生长与生殖生长的关系研究

种植密度影响株高的高低。李豪圣等认为随着种植密度的增加，小麦株高表现增加。但杨健等研究表明，增加种植密度，小麦株高表现降低现象。种植密度通过影响小麦叶片受光程度，从而影响小麦干物质积累及其分配。研究表明，随着种植密度增加，旗叶叶绿素含量降低，群体光合速率下降，尽管群体干物质积累量上升，但个体的干物重下降，叶片衰老加速并且在穗中干物质的分配比例减小，穗部性状变劣。当种植密度超出一定范围时，较多的小麦叶片分布在下方，造成群体结构不合理，透光性差，严重影响下层叶片的光合作用，干物质积累降低。但师日鹏等研究发现，种植密度对群体干物质累积量的影响还受气候条件的影响。

收获指数是小麦高产突破的一个重要的指数。刘保华等研究表明，小麦种植密度越大，收获指数越低。张娟研究指出，种植密度对收获指数的影响与施氮量有关，在不施氮和施氮量为180kg · hm^{-2}的条件下，生物产量和籽粒产量随种植密度增加而增加，但收获指数没有达到显著性水平；在施氮量为240kg · hm^{-2}的条件下，高密度的生物产量显著高于中密度处理，但收获指数却表现高密度低于低密度。此外，密度对收获指数的影响还受品种的不同而不同。燕晓娟认为小麦品种长旱58种植密度最大时具有最高的收获指数，同时获得最高的籽粒产量。

种植密度对小麦灌浆特性有较大影响，迄今虽有较多成果，但仍然存在较大争议，这主要是由于小麦灌浆特性与环境条件、小麦自身品种特性密切相关。大多数研究表明，种植密度显著影响小麦灌浆速率和灌浆持续期，主要表现为：随种植密度增加，灌浆速率降低，灌浆持续期延长。黎家友研究认为，种植密度对小麦粒重的调节作用主要是由于改变了籽粒的灌浆速率和灌浆持续期。王树林等研究发现，随着种植密度增加，灌浆期明显延长，最大灌浆速率降低，最大灌浆速率出现的时间推迟，理论最大粒重降低。王文颇等认为不同播量的小麦籽粒最大灌浆速率在开花后的16 ~ 19d，且增加播量，最大灌浆速率出现时间随之后移。因此，调整播种密度，同步提高籽粒灌浆速率和灌浆持续期，是获得高产的关键。

（三）不同氮磷肥配施量小麦营养生长与生殖生长的关系研究

小麦的株高一定程度制约着小麦的产量，理想株高一直以来是学术界追求的最终结论，尤其在北方干旱地区，旱情对株高的影响显著。李迎春在小麦高产施肥关键技术及养分运移规律研究中指出，株高可用来反映小麦长势，是小麦生长发育的重要指标，且受施肥方式、施肥量影响较大。李学军研究表明，小麦不同生育期的株高均随氮肥用量的增加呈先增后减的趋势，但当施氮量增加到240kg・hm^{-2}时，株高增幅不明显。许晶晶研究表明，株高与小麦个体指标（小穗数、穗粒数、单株分桑）的关系也受施肥程度影响，即不施肥时，株高与小穗数、穗粒数、单株分桑均存在正相关，但施肥时却呈负相关，说明施肥条件下，株高越高，收获指数降低，产量下降。

干物质积累是冬小麦籽粒产量形成的基础，其累积和分配与经济产量密切相关。研究表明，施肥并没有改变小麦干物质积累呈S形曲线规律，只协调并促进作物的生长发育，从而改变小麦各生育期干物质的累积量。张少民等认为，施磷对抽穗后干物质累积量的增加幅度远远高于抽穗前，后期具有较高的干物质积累量，为籽粒饱满提供了较好的物质来源，有利于籽粒产量的提高，但施磷量过大，后期干物质积累量将降低，小麦减产。马东辉等认为，在相同水分处理下，随着施氮量的增加，小麦各生育期干物质积累量随之增加，花后干物质也明显提高。马蓓认为施氮量的后移也有利于花后干物质的积累和干物质向籽粒的转运。

研究表明，施肥对收获指数影响较大。许晶晶通过对陕西小麦品种更替过程中光合特性演变及抗旱性研究发现：在施肥条件下，更多收获指数的提高是由于生物产量的下降和产量的提高，不施肥条件下，收获指数的提高是由于生物产量的提高程度低于产量的提高程度。陈旭对黄土旱源小麦品种更替过程中光合特性和营养特性的研究认为，当增施氮肥后，产量与收获指数均显著增加，增幅50%左右，但持续增加施氮量，收获指数变幅骤减，并且相同品种都呈现降低现象，一般在中肥条件下出现临界点。

灌浆是小麦籽粒产量形成的最终过程，施肥措施产生的效应在灌浆过程中得以体现。刘建华等人通过研究发现：增加施肥量能提前最大灌浆速率出现时间，降低最大灌浆速率，粒重降低。冯伟等认为中肥水平对小麦灌浆最有利，施肥时间对灌浆特性的影响也不同。徐江等认为，灌浆期施肥有助于延长灌浆持续期，提高快增期和缓增期的灌浆速率，粒重和产量明显提高。刘兴海等研究认为，在小麦中后期（抽穗开花后）追施适量氮肥，能延长灌浆持续期。

（四）不同灌水量小麦营养生长与生殖生长的关系研究

灌水显著影响小麦个体及群体农艺性状，进而影响小麦的收获指数。姚宁等研究表明，拔节后受旱时，拔节后株高的生长速率明显高于拔节前，越冬期和返青期受旱时各处理生物量明显低于其他各处理，并且后期复水也不能弥补生物量的严重损失。灌水次数越多，灌水总量越大，生物量越高，灌水次数多可促进冬小麦植株营养生长，分蘖增多，形成植株高、密度大的群体。

灌水也影响小麦干物质的积累及分配。无论干旱还是渍水胁迫，小麦植株总干物质均降低，且各个器官的干物质比例也发生变化，同时也降低小麦营养器官花前贮存物质的转运量和转运率。单长卷认为，土壤含水量较低时有利于光合产物向根系的分配，而较高的土壤含水量则有利于地上部生长发育。

（五）覆盖种植下对小麦营养生长与生殖生长的关系研究

覆盖种植能够引起小麦株高、收获指数、干物质积累等众多因子发生变化。旗叶是小麦的主要光合作用器官，干物质的积累是决定小麦产量高低的主要因素。秸秆覆盖能显著增加干旱年份小麦干物质积累量，抑制花后旗叶叶绿素降解，改善土壤水分状况，优化根系性状，延缓后期叶片衰老，能使小麦产量有较大提高。

覆盖种植有利于延长旱地小麦花后光合功能期，增强籽粒灌浆速率，提高小麦产量。李玲玲等研究表明，多年免耕秸秆覆盖种植能延缓冬小麦生育进程，延长其灌浆持续期，主茎穗灌浆速率明显高于露地种植，穗粒数和千粒重增加，提高产量。覆盖对收获指数的影响结论不甚一致，但总体认为覆盖降低了收获指数。

四、不同栽培技术措施小麦光合特性研究

光合作用是植物重要生命特征之一，不仅受外界环境条件影响，还受小麦品种本身的限制，是一个复杂的生化过程。栽培措施、品种及环境条件均会改变小麦叶片的光合性能，小麦旗叶的光合速率是决定其产量的关键因素。其籽粒产量

与灌浆期旗叶光合产物关系密切，小麦成熟籽粒中的干物质20%～30%来自旗叶的光合作用。

（一）不同播期小麦光合特性差异

播期会影响小麦旗叶叶绿素含量及其光合能力，而小麦旗叶光合能力的降低，加快了旗叶衰老速度，不利于光合产物的形成，产量降低。选择适宜播种时间，截获太阳有效辐射，提高光能利用率，对于改善小麦光合特性，进而提高小麦产量具有重要的意义。

（二）不同密度种植形成的小麦光合特性差异

种植密度过小或过大，均不利于小麦产量的增加。种植密度过小，基本苗较少，群体较小，群体透光率较大，光合能力在灌浆后期仍能有一定程度的提高；种植密度过大，基本苗较多，群体较大，孕穗期和灌浆初期群体基部的透光率较低，且灌浆后期叶片衰老加快，群体光照环境恶化程度快造成的。可见，保证小麦后期具有较高的群体光合速率是高产的基础。而王之杰等研究指出，后期光合速率的大小受种植密度的影响较大，适宜的种植密度能够使小麦后期群体光合速率较长时间维持较高的水平。但不同种植密度条件下最大光合速率出现的时间结论不一致，有研究认为光合速率在全生育期呈单峰曲线，开花期达到最大，也有研究发现有两个峰值，分别是孕穗期和灌浆期。

（三）氮磷肥配施形成的小麦光合特性差异

氮、磷不仅是小麦生长发育所必须的重要营养元素，还能调控小麦叶片光合能力。研究表明，土壤中氮素过少或过多，均会导致小麦叶片叶绿素含量、同化物合成以及酶含量和活性的下降，而磷素的过多或过少均会导致旗叶的净光合速率、蒸腾速率和气孔导度等降低。合理施用氮、磷肥有利于提高小麦的净光合速率，从而提高产量和肥料吸收利用率，同时也可避免或减弱光合“午休”现象。可见，施肥对小麦光合特性影响较大。

（四）灌水形成的小麦旗叶光合特性差异

土壤水分不足会导致光合能力下降，加快小麦叶片衰老。灌水次数、灌水时机决定土壤水分的高低。研究表明，随着灌水次数减少，各器官光合速率均会降低，但由于叶片对严重水分亏缺的反应大于各非叶器官，叶片的光合功能衰退快，净光合速率、气孔导度和蒸腾速率减小，而胞间CO_2浓度增加。胡梦芸等研究表明，灌水定额相同条件下，灌2水的净光合速率较灌1水的高16.6%。但孟维伟等表明，不灌水处理在灌浆初期其光合速率与灌2水、灌3水处理无显著差异，但在灌浆后期不灌水的光合速率显著下降。因此，研究不同时期灌水、灌水次数对小麦光合特性的影响，对于揭示小麦增产机理有重要的意义。

第三节　小麦的病虫害防治

我国的地形复杂，山地较多，小麦的规模和数量不断增加，但是现在小麦种植存在许多的病虫害，需要种植团队学习优秀的经验和技术，提升小麦的质量。

一、小麦病虫害的原因

（一）小麦种粒的质量问题

小麦病虫害的重要原因之一就是小麦种粒的质量问题，主要体现在以下几个方面：小麦在单位种植的过程中不够严密，对于小麦种粒的质量检查不够完全；添加的种植养料不符合小麦要求，保护层种粒质量没有保障；盲目追求小麦种植速度，管理不到位。种植过程中为了加快进度、注重外观，导致小麦种粒质量较差，后续小麦种粒脱落。

（二）蚜虫问题

蚜虫是在种植过程中经常见到的一种病虫害。蚜虫以小麦的嫩叶作为食物，将这部分作为自己的营养来源。在嫩叶被啃食的同时，小麦失去了营养成分导致死亡。种植单位在种植测量的过程中，存在误差或者种植厚度偏小，都会影响后续使用。小麦种粒或者地面种植厚度不够，则会削弱小麦种粒的承载力。在种植的过程中，对小麦的种植系统考虑不周到，会导致后续存在蚜虫问题。在小麦的生长时期，如果遭到蚜虫的啃食，嫩叶就会被损坏，破坏小麦的营养补给，产生枯叶，影响小麦后续的光合作用，导致小麦死亡。也可能会影响种植的密度，如果种植孔种植较少、数量不足或者种植位置不合理，就会导致后续种植不畅而积水，使得层间结合力下降，降低小麦种粒的结合力度，导致小麦加速出现病害。

（三）小麦种植中的监管问题

在小麦种植的过程当中，种植企业管理不到位，对小麦种植质量的影响是巨大的。一个种植企业的管理水平会直接决定小麦种粒质量的高低，所以做好小麦的种植管理对于企业来说至关重要。但是在现阶段，许多企业都存在管理水平参差不齐的问题，有些企业对于种植过程的责任意识不足，产生问题相互推诿，这样就会影响小麦种植的最终质量。

二、小麦病虫害防治的误区

（一）防治时间的误区

我国从事农业种植的主要为农民，种植方式以小规模为主，缺乏对病虫害的了解，没有依照小麦的生长规律制定有针对性的防治策略，无法在病发初期做好防治工作，导致病虫害加剧。当前很多农民在小麦病虫害防治方面完全依照过往经验，难以找到良好的防治方法，容易造成大规模的减产。一般情况下，小麦返青拔节期是病虫害防治的关键时期，此时会有大量越冬的病菌和虫害为害小麦，需做好病虫害防治工作。在种植过程中，种植人员需具体问题具体分析。小麦返青后多发生蚜虫，可以运用辛硫磷等农药进行防治。

（二）灌溉方式的误区

灌溉方式会直接影响小麦的生长环境，决定小麦的长势，还会对病虫害防治造成一定影响。科学的灌溉方式能有效调节小麦生长的温度和湿度，能有效避免病虫害的发生。在灌溉期，小麦植株如果受到大水漫灌，土壤无法全部吸收水分，易造成大量积水，这样的生长环境会影响小麦根系呼吸，也会让病虫害快速蔓延。然而，很多农民认为灌溉的量越多越好，所以频繁灌溉，导致麦田内土壤的湿润程度较高，病虫害加剧。除此之外，灌溉不足也会导致病虫害问题，如果小麦快速生长阶段水分不足，就会导致小麦抗病能力下降，有可能停止生长，病虫害也会进一步加剧。针对这种情况，农民需把握好小麦的生长周期，掌握不同阶段小麦对水分的需求，合理控制灌溉手段，减少大水漫灌，不在药物治理之后灌溉，这样才能让小麦健康生长。

（三）农药使用误区

在小麦种植过程中，大多数农民都对农药比较依赖，毕竟农药是病虫害防治的关键。在农药的使用过程中，种植人员需具体问题具体分析，全面掌握小麦生长过程中出现的病虫害种类，观察小麦的外在表现，了解病虫害现象，包括蚜虫、红蜘蛛等，针对不同的虫害需采用不同种类的药剂，控制好药剂的用量，做到对症下药、标本兼治。当前很多农民对病虫害缺乏了解，随意使用药剂，没有充分掌握药剂的使用方法及配比，农药滥用不但无法根治病虫害，对小麦也会造成严重影响，还会污染自然环境。在农药的使用顺序上，很多农民在施肥之后便进行农药喷洒，认为这样可以全面防治病虫害，做到未雨绸缪，但是在病虫害真正发生时却不能及时治理，这种做法不仅不能根治病虫害，还有可能破坏小麦自身的根茎，不利于小麦生长。

（四）防治方法的误区

当前很多农民在病虫害防治方面存在方法误区，由于缺乏科学知识，很多农民“见虫就杀”，不能对病虫害作出准确判断，无法制定科学的防治策略。在现代化的农业种植理念中，小麦蚜虫的益害比例为1：150，只要蚜虫数量不超过这一范围，小麦的整体质量和粮食产量就不会受到影响。农民对小麦的生长过程采取过多的措施，过度防治病虫害，易造成生态失衡。因此，种植人员需加强对小麦的观察和了解，学习相关的科学知识，做好病虫害防治工作，避免过度干预。

三、小麦不同生长阶段的病虫害防治技术

小麦的病虫害防治工作是一项过程琐碎、复杂、综合型较强的工作，并且由于小麦在不同的生长阶段状态不同，所处的环境也不同，所以要针对小麦的不同

特点，再综合每个季节的不同特点，采取针对性的病虫害防治技术手段，才能有效地防止病虫害的发生，提高小麦的质量与产量，推动种植地的经济发展。

（一）播种期

在播种期对小麦进行病虫害的防治，是一种有效的防止病虫害发生的防治手段，从播种开始就着手病虫害工作，也节省了人力和物力资源。例如，在河南的一个种植基地内，工作人员在进行播种的过程中就将种植和病虫害的预防工作相结合。在播种小麦前选择了适宜小麦生长的土壤进行翻耕处理，由于前期的种植过程中种植者使用了化肥，使土地出现了板结现象，通过翻耕处理可以使土壤变得疏松，有利于小麦的种植和生长。工作人员在进行杂草的清除之后，就对土壤进行科学的施肥，小麦处于播种期可以根据其现阶段的生长需求施用适量的腐熟后的农家肥、复合肥以及磷肥和钾肥。在选种过程中结合当地的气候条件、土壤环境、种植技术等方面综合考量，选择抗病性能良好、适应能力强、抗病虫害和抗倒伏性能强的优质小麦种进行播种。在选好麦种之后，工作人员将稀释到50%浓度的辛硫磷乳油与水混合后，加入小麦种子，进行均匀的搅拌，与此同时，将有2%浓度的立克秀药剂加入水混合稀释，加入小麦种子中进行充分的搅拌。

除此之外，小麦种植者运用种子包衣的方法，即运用机械设备或者是传统手工的方法将调配好的能有效预防病虫害的混合药剂（杀虫剂、化肥、调节剂等）均匀包裹在小麦种子的表面，在其表面形成一层坚固、平整光滑的药膜。运用这种防治方法后，随着小麦的萌动、发芽、出苗、生长，药膜所含的药物成分会在小麦的生长过程中被小麦的根部吸收，进而由根系将药剂传递到小麦幼苗的各个部位，使小麦具有较好的抗病虫害性能，降低病虫害的发生。

（二）出苗期

作为小麦生长的重要阶段，出苗期也是病虫害的多发期，工作人员要在这个特殊阶段采用科学合理的手段进行小麦病虫害的防治工作。小麦锈病、纹枯病、全蚀病等是小麦出苗期常见的病虫害。

秋季的季节特点是早晚气温相对偏低、中午气温高，而且这个季节雨水充足，小麦锈病在这一时期发生的概率最大，会在小麦出苗期阶段生长到 3 周的时候体现在小麦幼苗的叶子上，其发病的病因是受到病菌的感染从而诱发了病害。这时要加强对小麦幼苗染病情况的观察，一定要在病害侵染情况大约达到 14% 的情况下进行农药的喷洒工作，这样才能有效地防止病情蔓延。在农药的选择方面建议优先选择果盾农药，在使用农药之前一定要仔细阅读说明书，按照上面的说明合理使用，有效地抑制病虫害的发生，才能高效地进行小麦的病虫害防治工作。

纹枯病是小麦出苗期的另一种容易发生的病害。这种病害不仅出现在小麦的出苗期，还会出现在小麦生长的各个阶段，所以有关人员对纹枯病的预防工作要一直持续到小麦的抽穗期。产生纹枯病的病因大多是小麦的地下部分被真菌感染，会对地下茎造成不同程度的损伤。其发病的主要特点是产生形态各异的斑纹，小麦的茎叶也会遭受一定程度上的侵害。发现这一病状，一般情况下可以使用果盾或者是思科进行防治。如果情况严重可以使用粉锈宁可湿性粉剂，因为这种药剂对小麦的生长有一定的影响，所以不是很严重的情况不建议用来防治小麦的病虫害。

全蚀病也是一种常见的小麦病虫害，这种病害可能会严重损害小麦幼苗的健康，甚至会造成小麦植株的枯死，危害极大。发病期主要集中在小麦生长进入出苗期的第3周。相关的工作人员要结合小麦的生长情况，在出现这种病害的高发区域喷洒氟硅哇乳油或者思科等化学药物，通过种方式来抑制全蚀病的发病率。

（三）返青期

返青期是小麦从幼苗开始蜕变的阶段，是小麦生长的关键阶段，更是病虫害的多发期。由于这一阶段的气温不断上升，大量的害虫和病菌开始大量繁殖，它们会因为气温的升高变得比较活跃。这一时期的小麦这正在从冬季的低气温中慢慢缓和过来，免疫力还处在比较低下的状态，有关工作人员应该在这一时期多对小麦进行实地观察。针对纹枯病，在小麦染病初期，对染病的小麦进行多方面的检查和分析，等到小麦染病达到一定数量的时候，一般是染病植株占总数量的 12% 或者是 21% 的时候，对染病植株喷洒果盾水乳剂，并在每次喷洒完成之后记录喷洒的时间，大约每 12 ~ 14d 喷洒 1 次农药。在返青期，加强对小麦红蜘蛛、小麦吸浆虫等病虫害的防治工作也同样重要。针对这些典型的病虫害主要的防治手段还是使用喷剂的杀菌药物和杀虫药物，效果最佳。在使用喷剂药物的时候，一般第 1 次喷洒与第 2 次喷洒的间隔频率为每 15d1 次，最常使用的混合药剂有井冈霉素，以每 650m^2 的小麦使用 150mL5% 井冈霉素加 75 L 的水这样的比例完成农药的喷洒。

（四）孕穗期

小麦孕穗期良好地生长会为接下来的抽穗期打下良好的基础。有关工作人员在小麦的孕穗期期间同样要为小麦的病虫害的防治工作做好功课，增加观察的次数，及早发现病虫害，尽早采取措施控制病虫害的发生。小麦孕穗期最容易出现的几种典型的病虫害包括以下几种：吸浆虫、麦蚜、麦蜘蛛等。虽然这些病虫害的种类不同，但都会在不同程度上对小麦的植株产生伤害，所以相关工作人员要将更多的时间跟精力投入小麦病虫害的防治措施中，加大综合防治管理力度。在这一阶段的防治过程中可以仿照之前环节的做法，将杀虫剂与杀菌剂相结合的方式，对小麦喷洒混合杀虫药剂，通常是使用每667m^{2}用64mL的浓度为50%的氧化乐果乳油的方式进行病虫害防治。

（五）抽穗期和灌浆期

小麦的抽穗期最常见的病虫害就是吸浆虫，它会对小麦生长造成较大的破坏，一般会使用甘喜等其他种类的氧乐果作为防治病虫害的喷剂对小麦进行喷雾防治工作，这些药剂对吸浆虫有良好的防治效果。在这一时期还会产生白粉病或其他类别的黑穗病，针对这些病虫害，相关工作人员可以使用粉安有效地抑制病情的扩散。

灌浆期不同于小麦生长的其他时期，这一时期的病虫害防护工作极其繁复。所以在防治过程中，工作人员会使用27%快杀灵乳油药剂与水混合稀释，这样混合才能使防治病虫害的效果达到最佳；另外，这一时期要加强对小麦黑胚病的防治工作，在防治过程中，通常会使用抗病性能较强的药剂。

四、小麦病虫害综合防治技术

（一）优化灌溉技术

针对小麦的灌溉问题，种植人员需科学控制灌溉频率，采用正确的灌溉手段，规定标准的灌溉水量，全面减少病虫害。在不同的生长时期，小麦对水分的要求也不同，种植人员需不断优化灌溉手段，对不同时期的用水量做好规划，使小麦更加健康，提高抗病能力。

（二）科学使用农药

针对小麦的病虫害防治，种植人员需加强农药使用的针对性和有效性，把握好农药的用量，掌握科学的农药配比，充分发挥农药的价值。当前大部分农业种植户所采用的喷药喷雾器为一罐15 kg，如果小麦发生赤霉病，种植人员需对农药的用量进行计算，仔细阅读使用说明。例如，针对小麦赤霉病施用的多菌灵用量是每667m^2用100g，那每667m^2的地需用2罐喷雾器，一罐放入50g药剂，种植人员只需要兑水就可以。小麦病虫害的产生和发展需要经过一个周期，种植人员必须加强对小麦的观察，从思想意识上高度重视病虫害，优化病虫害防治手段，降低农药对环境的污染。农药需在病虫害发生初期进行使用，这个时期的害虫处于幼龄期，个体小、食量小，对小麦的为害还没有扩大，是病虫害防治的最佳阶段。种植人员选好农药，在关键时期做好病虫害防治，就能达到事半功倍的效果。

（三）综合运用不同防治手段

小麦是重要的粮食作物，所以病虫害防治不能完全依靠农药，可以运用物理防治和生物防治的方法，借助害虫的天敌完成病虫害防治工作。例如，麦田当中杂草过多，小麦植株就容易受到影响，进而变得弱小、抵抗力差，易滋生病虫害，种植人员可以通过物理手段清除杂草，提高小麦的抗病能力。

五、小麦病虫害的整治措施

（一）加强小麦种粒种植的质量管理

首先在小麦种植的过程中，要将小麦种粒质量的监督作为工作的重点。要做好对于主要种植过程的监督分工，责任到人，减少验收过程中的敷衍情况发生。为了进一步严格控制小麦种粒种植过程的质量，需要制定专门的监督体系，要求小麦的种植者和后续质量管理者必须按时按点到位，做好每日的小麦种植维护工作，如果发现小麦病虫害的苗头，必须及时上报。对于小麦每天的种植生长情况，要做到及时记录、及时维护，对于工作优秀的人员要实施有效的奖励措施。

必须首先保证小麦的种粒质量，同时也要保证在其生长过程当中监督到位，使小麦能够健康生长。

（二）预防措施

在小麦产生病虫害之前，需要在各个方面做好预防措施，让小麦从根源上杜绝病虫害，提升小麦生长的健康水平。一是要优化品种。要选择优质、低病虫害率的种子，这样才能从根源上保证小麦生长的安全。同时，要根据种植地点的不同，选择抗病虫害的优良品种，保证种植的成活率。在种植的过程中，也要选择质量较好的化肥材料及科学的种植密度。二是药剂拌种。播种前，小麦种植户可将小麦种子和适量的农药拌合在一起，能有效防治小麦病虫害。这里要特别指出，农药选用一定要合理，并要明确农药的作用和具体的用量，尽量使用那些无伤害或伤害较少的农药，确保小麦健康生长。三是选用优质肥料。整地时应力求平整，并彻底清除杂草。施肥时要使用好肥料，农家肥是首选。

（三）合理选择种植用土，减少蚜虫问题

蚜虫问题一旦出现就很难挽救，很难通过技术手段恢复原貌，即使通过后续种植暂时解决了问题，还是无法从根本上解决蚜虫。所以在种植的开始阶段，要选择质量较好的种植土壤，减少种植过程用土的内外温差。在小麦种粒种植过程中，要针对项目运行的情况制定每日检查制度，对于项目的每个重大环节、关键节点都能够提供一整套完整的维护体系以供参考。在实际操作过程中，不仅要加强质量监督，同时也要做好外部维护。

综上所述，小麦的病虫害可能发生的情况有很多，这就要求种植者和管理者必须加强对于新型病虫害的学习，经常深入一线认真观察，积极参与病虫害的防治工作。在科学种植技术的指导下，更努力学习防治小麦病虫害的技术，减少病虫害问题的发生和蔓延。在发现病虫害的同时，要加强对于治理技术的学习，谨防病虫害的扩大。在各界的共同努力和支持下，要将小麦病虫害作为一个重要的课题来抓，作为一个重要的问题来钻研。要共同提升小麦的质量和产量，加强对于小麦管理方法的学习和探究，提升每个参与者的责任意识和参与意识，提升对于管理方法的创新，提高对于小麦种粒安全性的研究，从而提升小麦的质量，推动我国经济社会更好、更快地发展。

第三章　马铃薯栽培及防治技术

第一节　马铃薯的生长发育特性及选育技术

一、马铃薯生长发育特性

（一）喜凉

马铃薯植株的生长及块茎的膨大，有喜欢冷凉的特性。由于马铃薯的原产地南美洲安第斯山为高山气候冷凉区，年平均气温为5～10℃，最高月平均气温为21℃左右，所以，马铃薯植株和块茎在生物学上就形成了只有在冷凉气候条件下才能很好生长的自然特性。特别是在结薯期，叶片中的有机营养，只有在夜间温度低的情况下才能输送到块茎里。因此，马铃薯非常适合在高寒冷凉的地带种植。在马铃薯种植上，必须满足它的生长需要，这样才能达到增产增收的种植目的。我国马铃薯的主产区大多分布在东北、华北北部、西北和西南高山地区。虽然经人工驯化、培养，选育出早熟、中熟、晚熟等不同生育期的马铃薯品种，但在南方气温较高的地方，仍然要选择气温适宜的冬季种植马铃薯，不然也不会有理想的收成。

（二）分枝性

马铃薯的地上茎、地下茎、匍匐茎、块茎都有分枝的能力。地上茎分枝长成枝杈，不同品种马铃薯的分枝多少和早晚不一样。一般早熟品种分枝晚，分枝数少，而且大多是上部分枝；晚熟品种分枝早，分枝数量多，多为下部分枝。地下茎的分枝，在地下的环境中形成了匍匐茎，其尖端膨大就长成了块茎。匍匐茎的节上有时也长出分枝，只不过它尖端结的块茎不如原匍匐茎结的块茎大。块茎在生长过程中，如果遇到特殊情况，它的分枝就形成了畸形的薯块。上年收获的块茎，在下年种植时，从芽眼长出新植株，这也是由茎分枝的特性所决定的。如果没有这一特性，利用块茎进行无性繁殖就不可能。另外，地上的分枝也能长成块茎。当地下茎的输导组织（筛管）受到破坏时，叶子制造的有机营养向下输送受到阻碍，就会把营养贮存在地上茎基部的小分枝里，逐渐膨大成为小块茎，呈绿色，一般是几个或十几个堆簇在一起，这种小块茎叫气生薯，不能食用。

（三）再生性

把马铃薯的主茎或分枝从植株上取下来，满足它对水分、温度、空气的要求，下部节上就能长出新根（实际是不定根），上部节的腋芽也能长成新的植株。如果植株地上茎的上部遭到破坏，其下部很快就能从叶腋长出新的枝条，来接替被损坏部分的制造营养和上下输送营养的功能，使下部薯块继续生长。马铃薯对雹灾和冻害的抵御能力强的原因，就是它具有很强的再生特性。在生产和科研上可利用这一特性，进行“育芽掰苗移栽”“剪枝扦插”和“压蔓”等来扩大繁殖倍数，加快新品种的推广速度。特别是近年来，在种薯生产上普遍应用的茎尖组织培养生产脱毒种薯的新技术，仅用非常小的茎尖组织，就能培育成脱毒苗。脱毒苗的切段扩繁，微型薯生产中的剪顶扦插等，大大加快了繁殖速度，收到了明显的经济效益。

（四）休眠性

新收获的块茎，如果放在最适宜的发芽条件下，即20℃的温度、90%的湿度、20%氧气浓度的环境中，几十天也不会发芽，如同睡觉休息一样，这种现象叫块茎的休眠。这是马铃薯在发育过程中，为抵御不良环境而形成的一种适应性。休眠的块茎，呼吸微弱，维持着最低的生命活动，经过一定的贮藏时间，“睡醒”了才能发芽。马铃薯从收获到萌芽所经历的时间叫休眠期。

休眠期的长短和品种有很大关系。有的品种休眠期很短，有的品种休眠期则很长。20℃的贮存条件下，中薯系列和郑薯2号等休眠期比较短，大约45d；早大白、费乌瑞他、尤金、克新4号等品种的休眠期是60～90d；晋薯2号、克新1号、高原7号等晚熟品种的休眠期则要90d以上。一般早熟品种比晚熟品种休眠时间长。同一品种，如果贮藏条件不同，则休眠期长短也不一样，即贮藏温度高的休眠期缩短，贮藏温度低的休眠期会延长。另外，幼嫩块茎的休眠期比完全成熟块茎的长，微型种薯比同一品种的大种薯休眠期长。

在块茎的自然休眠期中，根据需要可以用物理或化学的人工方法打破休眠，让它提前发芽。块茎的休眠特性，在马铃薯的生产、贮藏和利用上都有着重要的作用。在用块茎作种薯时，它的休眠解除程度，直接影响着田间出苗的早晚、出苗率、整齐度、苗势及马铃薯的产量。贮藏马铃薯块茎时，要根据所贮品种休眠期的长短，安排贮藏时间和控制窖温，防止块茎在贮藏过程中过早发芽，失去价值。

二、马铃薯良种选育技术

为了防止马铃薯退化，除了培育抗病品种，或用种子产生实生薯的种薯生产途径外，还要搞好马铃薯良种繁育，以便生产出健康无病毒的种薯，供生产利用。实践证明，针对不同地区马铃薯的栽培特点，建立相应的留种田，采取适宜的留种技术，就能有效地防止退化，延长品种的使用年限。

（一）选优留种

1.去杂去劣留种

该方法适于退化轻微、退化株率低的留种田。生育期间拔除病、杂株三次。第一次是在出苗后半个月，将卷叶、皱缩花叶、矮生、束顶等病株拔除。这次去杂去劣最重要，因为植株在苗期最易感染，早期消灭毒源，可以有效地防止病毒侵染。第二次是在开花期，拔除田间表现退化的植株或病株及花色、株型不同的杂株。第三次是收获前将植株矮小或早期枯死的病株拔除。收获后再进行选薯，将畸形薯及病烂薯淘汰，选择具有原品种典型性的块茎入窖。

2.单株混合留种

在开花期，选择生长发育健壮无退化表现，并具有原品种典型性状的植株，做好标记，生育后期复查1～2次，发现有病将标记去掉。收获前再复查一次，把真正表现好的植株挖出，将具有典型薯形无病的单株块茎混合一起，供下年留种田用。

3.株系选种

马铃薯无性繁殖系不同个体之间，虽然基因型是相同的，但是由于不同块茎和同一块茎上不同部位的芽所含病毒浓度有一定差异，所以在田间可以观察到，同一无性系的不同株间的感病情况有明显的差异，植株健壮的程度和产量的差别很大。因此，通过株系选择，可以不断地将带毒量低、生产力高的单株选择下来，提高优良品种的种用价值，减缓退化的速度。株系选种的具体作法如下：

第一年单株选择。选择方法与单株混合选种相同，只是在收获时，各单株分别装袋贮藏。

第二年株系比较。每个单株种10～20株称为一个株系，最好整薯播种。如种薯太少，需切块时，必须注意切刀严格消毒。生育期进行多次观察，淘汰感病株系（若一个株系内发现有一株退化的即淘汰），入选高产、生育整齐一致、无退化症状的株系，混合后用作下年原种繁殖。

第三年原种繁殖。按大田生产方式播种，在苗期、开花期及收获前拔除病株，清除病薯，其余优良单株收获后，即可作为种薯，在留种田中繁殖一年后生产出的一级种，用于大田生产。

（二）夏播留种法

一般生产田马铃薯播种期是在4月下旬或5月上旬，为了避开蚜虫传毒高峰期，提高种薯质量，把种薯的播种时间推迟到6月底至7月中旬播种的留种法称为夏播留种法。蚜虫大量繁殖迁飞是在盛夏的高温季节，待播种的马铃薯出苗后蚜虫已大量减少，而8月份雨水较多即使有少数有翅蚜虫，在多雨季节也不易迁飞，传毒机会减少。所以把夏播留种田和一般生产田分开，对马铃薯保种有保护作用。

（三）小整薯播种

马铃薯后期结的小薯是在冷凉气候条件下形成的，病毒含量较低，具有类似于夏播留种的效果，有一定防退化的作用。此外，利用整薯播种还有防止通过切块传播病害蔓延的作用，能充分利用顶芽优势，抗地下害虫危害，保证苗全苗壮，因而具有显著的增产效果。但是，在选用小薯时，必须注意选用健壮株上结的小薯，而不要已退化植株上结的小薯做种，否则会影响增产效果。在收获前必须先拔除退化植株和清除退化小薯。

（四）实生薯留种

实践证明，用种子生产的实生薯，种植三年后就无增产优势。为了保持实生薯的增产作用，需三年后重新育苗生产种薯，及时更换实生薯。可以用实生苗产生的实生薯建立留种田，由留种田生产的种子供应大田生产用种薯。

（五）异地换种

马铃薯具有异地优势的生育特性，同一个品种在不同纬度、不同海拔高度、不同生态区域之间互换种植，可以较好地保持原有品种的特性，提高产量。采用异地换种法也是获得高产的有效途径。

第二节　马铃薯高产栽培技术

马铃薯节水种植一般采取膜下滴灌形式。膜下滴灌栽培马铃薯一般采取以下两种种植形式：一种是一膜一带等行距种植，这种种植形式一般行距为60cm，膜下每行铺一条滴灌带，薯块位于滴灌带一侧；另一种是一膜一带双行大小垄种植，这种种植形式一般行距为100～120cm，小行距30cm，大行距70～90cm，膜下小垄上铺一条滴灌带，薯块位于滴灌带两侧。

一、播前整地

前茬作物收获后，伏天深耕晒垡，接纳降水，熟化土壤。秋季深耕，耕后打糖收墒，要求达到地面平整，土壤细绵，无前作根茬。马铃薯靠地下茎膨大形成经济产量，应选择土地深厚，肥力中上等，结构疏松的轻沙壤土。整地应做到深、松、平、净。即深耕达到25～30cm，并细犁细耙，疏松结构，同时达到土碎无坷垃，干净无杂物。

二、轮作倒茬

种植马铃薯应选择土质疏松、肥沃、土层深厚、灌水方便的地块，忌重茬。轮作可减少病害，利用抗病品种结合轮作对防止癌肿病、线虫病尤为必要。另外，连作的马铃薯，由于营养吸收单一，可使土壤中钾肥含量很快下降，影响土壤肥力和下一茬产量，对种地养地、培肥地力大为不利。

大田栽培时，前茬以豆类、小麦、玉米等茬口为佳。在菜田栽培时，前茬作物以葱、蒜、萝卜等为好，这样有利于把病害发病率压到最低限度。同时马铃薯生长期间茎叶覆盖地面，多数一年生杂草受到抑制或不能结籽。茄科作物不宜作前茬，如番茄、茄子、辣椒等，同时，白菜、甘蓝也不是理想的前茬作物，因为它们与马铃薯有相同的病害。

三、马铃薯种薯脱毒

在田间，当带毒蚜虫把病毒传给植株时，病毒在植株体内增殖，经7～20d就可运转到地下块茎，使块茎也带毒。这样的块茎作种子就不是无毒种薯了。试验结果表明，用大田薯留种，产量每年递减20%左右。产量的降低与气候有密切的关系，在全国各个地方差异很大，在黄河以南地区，马铃薯退化很快，每年必须更换品种。而在北方气候冷凉地区，马铃薯退化则相对较慢。为了获得高产，不能用大田薯留种子，而必须每年更换脱毒种薯，才能保证年年高产稳产。

“种薯”是指作为种子用的薯块。“脱毒种薯”是指马铃薯种薯经过一系列物理、化学、生物或其他技术措施清除薯块体内的病毒后，获得的经检测无病毒或极少有病毒侵染的种薯。利用茎尖脱毒复壮技术生产无病毒种薯，是20世纪50年代以来在马铃薯种薯生产上的一大贡献。茎尖脱毒是利用病毒在植物组织中分布不均匀性和病毒愈靠近根、茎顶端分生组织愈少的原理，而切取很小的刚分生的茎尖组织来实现，其切取的茎尖（生长点）大小常为0.2～0.31mm，只带1～2个叶原基。概括而言，马铃薯脱毒复壮就是采用现代生物技术手段，把病毒从马铃薯植株体内除掉，使植株重新恢复到原来的健康状态，从而达到优质高产的目的。目前生产中常采用的脱毒复壮法主要是指用茎尖组织培养技术来脱除病毒，主要步骤如下：

（一）选择优良单株

在进行茎尖组织培养之前，应于生长期间在田间选择具有本品种典型性、生育健壮、病症表现少或没有、产量高的单株用于茎尖剥离。

（二）汰除已感染马铃薯纺锤块茎类病毒的单株

因为马铃薯纺锤块茎类病毒不能通过茎尖组织培养方法脱除掉，所以要汰除掉。

（三）取材和消毒

当入选的无性系通过休眠期后，可采用下列两种方法获得无菌苗。

将块茎用自来水充分洗净后，用75%的酒精浸泡3～5s，然后置于0.1%升汞溶液中灭菌10min，再用无菌水冲洗5次。最后将块茎切成2cm见方小块，每块带1个芽眼，于无菌三角瓶中培养。

将块茎于温室内催芽播种，在芽长到4～5cm、叶片未充分展开时剪芽。剪芽过晚，生长点易出现花芽分化而影响剥离。剪下幼苗剥去外层大叶片，将所有的芽放到干烧杯中，用纱布封口，用自来水冲洗0.5h。控干水，然后在无菌室内严格消毒。

（四）茎尖剥离和接种

在无菌条件下，将已消毒灭菌的幼芽置于40倍的解剖镜下。然后用解剖针剥去幼叶，露出带有叶原基的圆滑生长点，再用消毒过的无菌刀（或解剖针）切下大约0.2mm长，带1～2个叶原基的茎尖，随即将其置于有培养基的试管中，并封好试管口。

（五）培养

接种于试管中的茎尖放于培养室内培养。培养条件：温度25℃，光照时间为16h/d，光照强度为2000～3000Lx。在正常情况下，茎尖培养30～40d就可见到其明显增长。这时可转入无生长调节剂的培养基中培养，经过4～5个月的培养，就可发育成有3～4个叶片的小植株。

茎尖培养获得的植株，不一定就没有了病毒，必须通过病毒检测鉴定出无病毒的株系。检测方法有4种：一是指示植物法；二是酶联免疫吸附法；三是分子生物学方法；四是电镜检测法。其中前两种方法比较常用。

通过检测获得的无毒株系，是否保持了原来品种特性，还需做进一步鉴定，因为在茎尖培养过程中，剥离的茎尖越小越易发生变异。鉴定的简单方法是将所有的株系种植到田间进行性状观察。

（六）种薯脱毒苗组培快速繁育技术

试管苗快速扩繁是马铃薯脱毒种薯繁育的第一步，只有繁殖出足够数量的试管苗，才能保证生产出大量的脱毒微型小薯。试管苗扩繁一般采用简易MS培养基，15～20d扩转1次，扩繁倍数为1：5左右。在最后一次扩繁时可以采用液体培养基培养茎段，不仅便于移栽，而且降低了成本，大大提高工作效率。在快繁过程中，由于操作及其他一些原因，难免受到病菌病毒的侵染感染，造成退化，要进行病毒抽检。只有经过再次茎尖脱毒才能复壮更新。

四、马铃薯困种和晒种

把出窖后经过严格挑选的种薯，装在麻袋或塑料网袋里，或用席帘等围起来，或堆放于空房子、日光温室和仓库等处，温度保持在10～15℃，有散射光线即可。当芽眼刚刚萌动见到小白芽锥时，就可以切芽播种了，这被称为困种。

如果种薯数量少，又有方便地方，可把种薯摊开为2～3层，摆放在光线充足的房间或日光温室内，温度保持在10～15℃，让阳光晒着，并经常翻动，当薯皮发绿，芽眼睁眼（萌动）时，就可以切芽播种了，这被称为晒种。

困种和晒种的主要作用：提高种薯体温，促使解除休眠，促进发芽，以统一发芽进度，进一步淘汰病劣薯块，使出苗整齐一致，不缺苗，出壮苗。

五、种薯催芽和切芽

（一）催芽

目前马铃薯的催芽方法很多，归纳起来主要有3种方式：一是先整薯切块，再覆土催大芽，然后播种；二是先整薯直接催大芽，再带芽切块、播种；三是前两个方法结合起来，先整薯催小芽，切块，再覆土催大芽，播种。第二种方法比较简单，与晒种方法相近，一般在室内可进行。把未切的种薯铺在有充足阳光的室内、温室、塑料大棚的地上，铺2～3层，经常翻动，让每个块茎都充分见光，经过40d左右，当芽长到1.0～1.5cm，芽短而粗，节间短缩，色深发紫，基部有根点时，就可切芽播种，但切芽时要小心，别损伤幼芽。由于顶端优势作用，顶芽长势非常快，而侧芽很慢，往往顶芽有2cm长，而侧芽只有0.5cm左右，顶芽和侧芽的长势明显不同。因此，在切块和播种时最好将顶芽和侧芽分开存放并播种，这样可保证田间出苗率比较整齐。一些品种休眠期比较短，贮存期间温度较高，出窖时已发芽的也可采用此方法。第一种方法催芽过程中常常出现烂薯现象，发芽率一般只有90%左右。但发的芽质量较好，有须根系长出，田间出苗率较好。第三种方法催芽效果最好，粗壮芽率可达100%，须根系发育较多，并且一些匍匐茎也已长出，田间出苗率整齐度好，增产和早熟效果明显。此外，各地根据不同的气候等实际情况，还创造出箱式催芽、育芽移栽等多种方法。

（二）切芽

比较好的切芽方法是根据薯顶部芽眼出芽快而整齐的特性（顶芽优势），较小薯块由顶端向基部纵切为二，中等薯块纵切为四，大薯块先从基部按芽眼顺序切块，到薯块上部再纵切为四，使顶部芽眼均匀地分布在切块上。每个芽块的重量最好达到50g，最小不能低于30g。大芽块是丰产种植技术的主要内容之一。切芽，要把薯肉都切到芽块上，不要留“薯楔子”，不能只把芽眼附近的薯肉带上，而把其余薯肉留下，更不能把芽块挖成小薄片或小锥体等。具体说，50g左右的薯块不用切，可以用整薯做种；60～100g的种薯，可以从顶芽顺劈一刀，切成2块；110～150g的种薯，先将尾部切下1/3，然后再从顶芽劈开，这样就切成3块；160～200g的种薯，先顺顶芽劈开后，再从中间横切一刀，共切成4块；更大的种薯，可先从尾部切下1/4，然后将余下部分从顶芽顺切一刀，再在中间横切一刀，共切成5块。这种切法，芽块都能达到标准，而且省工，切得快。

通过切芽块，还可对种薯做进一步的挑选，发现老龄薯、畸形薯、不同肉色薯（杂薯），可随切随挑出去，病薯更应坚决去除。凡发现块茎表皮有病症的，应随时剔除。感染了青枯病、环腐病的种薯从表皮上是不易识别的，要在切开后才能发现病症。病薯一般是沿着维管束形成黄圈并有锈点，薯尾较明显，严重时可挤出乳白色或乳黄色的菌脓，遇这类病害的薯块时一定要把使用过的切刀进行消毒。若不消毒切刀，继续切块就会造成病菌大量传染，切刀成为青枯病、环腐病传染的主要媒介物。故在切块时要多准备几把刀，以利于在切薯消毒时轮流使用。切刀消毒方法有以下几种：用2%的升汞水，浸刀10min即可达到灭菌效果；切块时烧一锅开水，并在开水中撒一把食盐，将切刀在沸水中消毒8～10min；切块时遇病薯后，把切刀插入炉火中消毒；用瓶装酒精，把切刀插入瓶中消毒，一般浸3～5min将刀拿出，待酒精挥发后再切块。

六、适时适量播种

适时早播可以早收早上市，获得较高的收益。适时播种需要根据土壤温度和种薯质量而定。一般10cm深的土壤温度稳定在5～7℃时播种比较安全。因马铃薯通过休眠后，在7～8℃的条件下即可发芽和缓慢地生长，土温上升到12℃左右幼芽可迅速生长。早播比一般的播期早结薯，也可以提前收获，避开各地的后期高温。而且田间烂薯少，退化现象轻，种性好。一般来说，在当地晚霜期前20～30d气温稳定在5℃以上时即可播种。二季作区的春播适期在3月中下旬至4月上旬，一季作区的适宜播期应从4月下旬到5月上旬。促早熟栽培，由于采用早熟品种催大芽，且在播后盖地膜，播期可以提早10～15d，但在出苗后要注意防止霜冻。春季栽培的各项技术措施应在“早”字上下功夫，一定要做到在当地断霜时齐苗，炎热雨季到来时保产量。经验证明，播种适期后每推迟5d减产10%～20%。

播种量要根据品种特性、栽培密度来确定，一般情况下，二季作栽培，密度为4000～5000株/亩，用种量为175～200kg/亩；一季作栽培，密度为3000～4000株/亩，用种量为125～150kg/亩。

七、施肥

（一）底肥

马铃薯高产地块每亩要施腐熟农家肥5000kg左右，至少也应施入3000kg。此外，马铃薯对钾肥的需求量最大，每亩还应再施入钾肥30～50kg，增产效果才比较明显。施足基肥有利于前期根系发育和幼苗健康生长。基肥又分有机肥和化肥，作基肥施用的化肥最好和有机肥料混合后施用，特别是播种时施肥，把化肥和有机肥料混合施用比较安全，不致发生烧根等不良影响。“二要得法”是指马铃薯施肥有原则：应以农家肥为主，化肥为辅；以基肥为主，叶面追肥为辅。在施肥方法上，基肥以集中施用为宜。集中施肥能使较少的肥料发挥较大的作用，尤其在沙性大的土壤上，肥料养分容易流失，集中施肥有利于马铃薯根系发育过程把肥料网罗包围起来，减少养分流失。特别是硝酸铵类的化肥，其中硝态氮在沙土中不易被吸附，容易流失，集中施用效果更好。

采用膜下滴灌技术种植马铃薯的地块，有机肥和较难溶的化肥（磷肥）作基肥播前一次施入，旋耕后播种，可溶性氮、钾等化肥采用滴灌随水分期施入。

（二）追肥

结合滴灌，按马铃薯不同生育期的需肥量随滴灌施入。全生育期施肥总量（纯）为20kg/亩，氮、磷、钾配比为1：0.8：1.5。

1.氮肥

苗期施入30%，花期施入50%，后期施入20%，在所有氮肥中，尿素及硝酸铵最适合于滴灌施肥，因为施用这两种肥料的堵塞风险最小。氨水一般不推荐滴灌施肥，因为氨水会增加水的pH值，pH值的增加会导致钙、镁、磷在灌溉水中沉淀，堵塞滴头。硫酸铵及硝酸钙是水溶性肥，但也有堵塞风险。

2.磷肥

磷肥，一般采取基肥施入，不建议采用滴灌追施，防止堵塞滴灌系统。大部分固态磷肥由于溶解度低而不能注入灌溉系统中，如需补充磷肥可在滴灌系统中注入适量磷酸，但不能长时间使用，防止马铃薯缺锌。

3.钾肥

滴灌施肥常用的钾肥有氯化钾和硝酸钾。硫酸钾也可作为滴灌肥料，但溶解度不如氯化钾和硝酸钾，磷酸钾溶解度低，不要注入滴灌系统中。钾肥在苗期施入30%，花期施入25%，后期施入45%。

八、收获和贮藏

（一）收获

马铃薯在茎叶淡黄，基部叶片已枯黄脱落，匍匐茎干缩，块茎表皮木质化不再膨大时，即可收获。收获要在晴天进行。收获后应将薯块分级，放于阴凉处，摊晒2～3d防止暴晒、雨淋。收获前7d停止灌水和喷施化学药剂。

收获方式有人工刨收和半机械化两种，小面积种植多采用人工刨收，费工费时，效率较低。半机械化收获采用机械灭秧、机械铲收，并将马铃薯置于地表，人工分级装袋。收获速度快、效率高，面积较大地块多采用这种方式。

（二）贮藏

马铃薯在贮藏期间块茎重量的自然损耗是不大的，伤热、受冻、腐烂所造成的损失是最主要的。因此要了解和掌握马铃薯贮藏过程与环境条件的关系及对环境条件的要求，采用科学管理方法，最大限度地减少贮藏期间的损失。

首先，仓库或窖要清理消毒，通风换气，使库（窖）内湿气排除、温度下降。对要入库（窖）的马铃薯，先晾晒，使其在库（窖）外度过后熟期，然后装袋码垛，垛不要高，一般码5袋高，两列并排为一行，行与行之间要留0.5m左右的通风道，行的长度视库（窖）的大小来定。包装袋最好选用网眼袋，利于通气散热。要用木杠将袋子与地面隔开，利于地热及土地湿气的散失。

1.温度

马铃薯贮藏期间的温度调节最为关键。因为贮藏温度是块茎贮藏寿命的主要因素之一。环境温度过低，块茎会受冻；环境温度过高会使薯堆积热，导致烂薯。一般情况下，当环境温度在-3～-1℃时，9h块茎就冻硬；-5℃时2h块茎就受冻。长期在0℃左右环境中贮藏块茎，芽的生长和萌发受到抑制，生命力减弱。高温下贮藏，块茎打破休眠的时间较短，也易引起烂薯。最适宜的贮存温度是，商品薯4～5℃，种薯1～3℃，加工用的块茎以7～8℃为宜。

2.湿度

环境湿度是影响马铃薯贮藏的又一重要因素。保持贮藏环境内的适宜湿度，有利于减少块茎失水损耗。但是库（窖）内过于潮湿，块茎上会凝结小水滴（也叫“出汗”现象），这一方面会促使块茎在贮藏中后期发芽并长出须根；另一方面由于湿度大，还会为一些病原菌和腐生菌的侵染创造条件，导致发病和腐烂。相反，如果贮藏环境过于干燥，虽可减少腐烂，但极易导致薯块失水皱缩，同样降低块茎的商品性和种用性。无论商品薯还是种薯，马铃薯最适宜的贮藏湿度应为空气相对湿度的85%～90%。

3.光照

商品薯贮藏应避免见光，光可使薯皮变绿，龙葵素含量增加，降低食用品质。种薯在贮藏期间见光，可抑制幼芽的生长，防止出现徒长芽。此外，种薯变绿后有抑制病菌侵染的作用，避免烂薯。

4.氧气

贮藏期间要注意适量通风，保证块茎有足够氧气进行呼吸，同时排出多余二氧化碳。

5.薯块品质

影响马铃薯块茎贮藏的内部因素有两个：一是品种的耐贮性；二是块茎的成熟度。在同样的贮藏条件下，有的品种耐贮性强，有的品种耐贮性差，因此应选择适于当地贮藏条件的品种。另外，成熟度好的块茎，表皮木栓化程度高，收获和运输过程中不易擦伤，贮藏期间失水少，不易皱缩。此外，成熟度好的块茎，其内部淀粉等干物质积累充足，大大增强了耐贮性。未成熟的块茎，由于表皮幼嫩，未形成木栓层，收获和运输过程中易受擦伤，为病菌侵入创造了条件。由于幼嫩块茎含水量高，干物质积累少，缺乏对不良环境的抵抗能力，因此贮藏过程中易失水皱缩和发生腐烂。

第三节　马铃薯病虫害防治

一、马铃薯早疫病

（一）为害症状

叶片染病病斑黑褐色，圆形或近圆形，具同心轮纹，大小3～4mm。湿度大时，病斑上生出黑色霉层，即病原菌分生孢子梗和分生孢子。发病严重的叶片干枯脱落，田间一片枯黄。块茎染病产生暗褐色稍凹陷圆形或近圆形病斑，边缘分明，皮下呈浅褐色海绵状干腐。该病近年呈上升趋势，其危害不亚于晚疫病。

（二）发生规律

以分生孢子或菌丝在病残体或带病薯块上越冬，翌年种薯发芽病菌即开始侵染。病苗出土后，产生的分生孢子借风、雨传播，进行多次再侵染使病害蔓延扩大。病菌易侵染老叶片，遇有小到中雨或连续阴雨或湿度高于70%时，该病易发生和流行。分生孢子萌发适温26～28℃，当叶上有结露或水滴，温度适宜，分生孢子经35～45min即萌发，从叶面气孔或穿透表皮侵入，潜育期2～3d。瘠薄地块及肥力不足田发病重。

（三）防治方法

选用早熟耐病品种，适当提早收获。

选择土壤肥沃的高燥田块种植，增施有机肥，推行配方施肥，提高寄主抗病力。

发病前开始喷洒75%百菌清可湿性粉剂600倍液或64%杀毒矾可湿性粉剂500倍液、80%喷克可湿性粉剂800倍液、80%大生M-45可湿性粉剂600倍液、70%代森锰锌可湿性粉剂500倍液、80%新万生可湿性粉剂600倍液、1：1：200倍式波尔多液、77%可杀得可湿性微粒粉剂500倍液，隔7～10d1次，连续2～3次。

二、马铃薯晚疫病

（一）为害症状

叶片染病先在叶尖或叶缘生水浸状绿褐色斑点，病斑周围具浅绿色晕圈，湿度大时病斑迅速扩大，呈褐色，并产生一圈白霉，即孢囊梗和孢子囊，尤以叶背最为明显；干燥时病斑变褐干枯，质脆易裂，不见白霉，且扩展速度减慢。茎部或叶柄染病现褐色条斑。发病严重的叶片萎垂、卷缩，终致全株黑腐，全田一片枯焦，散发出腐败气味。块茎染病初生褐色或紫褐色大块病斑，稍凹陷，病部皮下薯肉亦呈褐色，慢慢向四周扩大或烂掉。

（二）发生规律

病菌主要以菌丝体在薯块中越冬。播种带苗薯块，导致不发芽或发芽后出土即死去，有的出土后成为中心病株，病部产生孢子囊借气流传播进行再侵染，形成发病中心，致该病由点到面，迅速蔓延扩大。病叶上的孢子囊还可随雨水或灌溉水渗入土中侵染薯块，形成病薯，成为翌年主要侵染源。病菌喜日暖夜凉高湿条件，相对湿度95%以上、18～22℃条件下，有利于孢子囊的形成，冷凉（10～13℃，保持1～2h）又有水滴存在，有利于孢子囊萌发产生游动孢子，温暖（24～25℃，持续5～8h）有水滴存在，利于孢子囊直接产出芽管。因此多雨年份，空气潮湿或温暖多雾条件下发病重。种植染病品种，植株又处于开花阶段，只要出现白天22℃左右，相对湿度高于95%持续8h以上，夜间10～13℃，叶上有水滴持续11～1h的高湿条件，本病即可发生，发病后10～14d病害蔓延全田或引起大流行。

（三）防治方法

选用无病种薯，减少初侵染源；做到秋收入窖、冬藏查窖、出窖、切块、春化等过程中，每次都要严格剔除病薯，有条件的要建立无病留种地，进行无病留种。

加强栽培管理，适期早播，选土质疏松、排水良好的田块栽植，促进植株健壮生长，增强抗病性。

个发病初期开始喷洒72%克露或克霜氰或霜霸可湿性粉剂700倍液或69%安克；锰锌可湿性粉剂900～1000倍液、90%三乙磷酸铝可湿性粉剂400倍液、58%甲霜灵·锰锌可湿性粉剂或64%杀毒矾可湿性粉剂500倍液、60%琥·乙磷铝可湿性粉剂500倍液、50%甲即可湿性粉剂700～800倍液、72.2%普力克（霜霉威）水剂800倍液、1∶1∶200倍式波尔多液，隔7～10d1次，连续2～3次。

三、马铃薯病毒病

（一）为害症状

马铃薯病毒病田间表现症状复杂多样，常见的症状类型可归纳如下：

1.花叶型

叶面出现淡绿、黄绿和浓绿相间的斑驳花叶（有轻花叶、重花叶、皱缩花叶和黄斑花叶之分），叶片基本不变小，或变小、皱缩，植株矮化。

2.卷叶型

叶缘向上卷曲，甚至呈圆筒状，色淡，变硬革质化，有时叶背还会出现紫红色。

3.坏死型（或称条斑型）

叶脉、叶柄、茎枝出现褐色坏死斑或连合成条斑，甚至叶片萎垂、枯死或脱落。

4.丛枝及束顶型

分枝纤细而多，缩节丛生或束顶，叶小花少，明显矮缩。

（二）发生规律

大多数病毒都通过蚜虫及汁液摩擦传毒。田间管理条件差，蚜虫发生量大发病重。此外，25℃以上高温会降低寄主对病毒的抵抗力，利于传毒媒介蚜虫的繁殖、迁飞或传病，从而利于该病扩展，加重受害程度，故一般冷凉山区栽植的马铃薯发病轻。品种抗病性及栽培措施都会影响本病的发生程度。

（三）防治方法

因地制宜选用抗病高产良种；

建立无病留种基地（品种基地应建立在冷凉地区，繁殖无病毒或未退化的良种）；

块茎处理（50℃温水泡浸17分钟）和茎尖脱毒培养；

实生苗块茎留种（除马铃薯块茎纺锤类病毒外，其他马铃薯病毒均不通过种子传染，利用种子实生苗长出的块茎作种薯，有良好的防病作用）；

加强栽培管理，高畦深沟，配方施肥，实行浅灌，及时培土和淘汰病株，喷药治蚜，清除杂草，也可减轻发病；

发病初期喷洒抗毒丰（0.5%菇类蛋白多糖水剂）300倍液或20%病毒A可湿性粉剂500倍液、1.5%植病灵K号乳剂1000倍液、15%病毒必克可湿性粉剂500～700倍液。

四、马铃薯环腐病

（一）为害症状

属细菌性维管束病害。地上部染病分枯斑和萎蔫两种类型。枯斑型多在植株基部复叶的顶上先发病，叶尖和叶缘及叶脉呈绿色，叶肉为黄绿或灰绿色，具明显斑驳，且叶尖干枯或向内纵卷，病情向上扩展，致全株枯死；萎蔫型初期则从顶端复叶开始萎蔫，叶缘稍内卷，似缺水状，病情向下扩展，全株叶片开始褪绿，内卷下垂，终致植株倒伏枯死。块茎发病切开可见维管束变为乳黄色至黑褐色，皮层内现环形或弧形坏死部，故称环腐。经贮藏块茎芽眼变黑干枯或外表爆裂，播种后不出芽或出芽后枯死或形成病株。病株的根、茎部维管束常变褐，病蔓有时溢出白色菌脓。

（二）发生规律

病菌在种薯中越冬，成为翌年初侵染源。病薯播下后，一部分芽眼腐烂不发芽，一部分出土的病芽，病菌沿维管束上升至茎中部或沿茎进入新结薯块而致病。适合此菌生长温度为20～23℃，最高31～33℃，最低1～2℃。致死温度为干燥情况下50℃经10分钟。最适pH值6.8～8.4。传播途径主要是在种薯切块时，病菌通过切刀带菌传病。

（三）防治方法

建立无病留种田，尽可能采用整薯播种。有条件的最好与选育新品种结合起来，利用杂交实生苗，繁育无病种薯。

种植抗病品种。

播前剔除病薯，把种薯先放在室内堆放五六天，进行晾种，不断剔除烂薯，可使田间环腐病大为减少。此外用50mg/kg硫酸铜浸泡种薯10分钟有较好效果。

结合中耕培土，及时拔除病株，携出田外集中焚烧或深埋处理。

五、马铃薯黑胫病

（一）为害症状

该病主要侵染茎或薯块，从苗期到生育后期均会发病。种薯染病腐烂成黏团状，不发芽，或刚发芽即烂在土中，不能出苗。幼苗染病一般株高15～18cm出现症状，具体表现为植株矮小，节间短缩，或叶片上卷，褪绿黄化，或腹部变黑，萎蔫而死。横切茎可见三条主要维管束变为褐色。薯块染病始于脐部，呈放射状向髓部扩展，病部黑褐色，横切可见维管束亦呈黑褐色，用手压挤皮肉不分离，湿度大时，薯块变为黑褐色，腐烂发臭，别于青枯病。

（二）发生规律

种薯带菌，土壤一般不带菌。病菌先通过切薯块扩大传染，引起更多种薯发病，再经维管束或髓部进入植株，引起地上部发病。田间病菌还可通过灌溉水、雨水或昆虫传播，经伤口侵入致病，后期病株上的病菌又从地上茎通过匍匐茎传到新长出的块茎上。贮藏期病菌通过病、健薯接触经伤口或皮孔侵入使健薯染病。窖内通风不好或湿度大、温度高，会加剧病情扩展。带菌率高或多雨、低洼地块发病重。

（三）防治方法

选用抗病品种；

选用无病种薯，建立无病留种田；

切块用草木灰拌种后立即播种；

适时早播，促使早出苗；

发现病株及时挖除，特别是留种田更要细心挖除，减少菌源；

种薯入窖前要严格挑选，入窖后加强管理，窖温控制在1～4℃，防止窖温过高，湿度过大。

六、马铃薯青枯病

（一）为害症状

病株稍矮缩，叶片浅绿或苍绿，下部叶片先萎蔫后全株下垂，开始早晚恢复，持续4～5d后，全株茎叶全部萎蔫死亡，但仍保持青绿色，叶片不凋落，叶脉变褐，茎出现褐色条纹，横剖可见维管束变褐，湿度大时，切面有菌液溢出。块茎染病后，轻的不明显，重的脐部呈灰褐色水浸状，切开薯块，维管束圈变褐，挤压时溢出白色粘液，但皮肉不从维管束处分离，严重时外皮龟裂，髓部溃烂如泥，别于枯萎病。

（二）发生规律

病菌随病残组织在土壤中越冬，侵入薯块的病菌在窖里越冬，无寄主，可在土中腐生14个月至6年。病菌通过灌溉水或雨水传播，从茎基部或根部伤口侵入，也可透过导管进入相邻的薄壁细胞，致茎部出现不规则水浸状斑。青枯病是典型维管束病害，病菌侵入维管束后迅速繁殖并堵塞导管，妨碍水分运输导致茎部萎蔫。该菌在10～40℃均可发育，最适为30～37℃，适应pH值6～8，最适pH值6.6，一般酸性土发病重。田间土壤含水量高、连阴雨或大雨后转晴气温急剧升高发病重。

（三）防治方法

实行与十字花科或禾本科作物4年以上轮作，最好与禾本科进行水旱轮作；

选用抗青枯病品种；

选择无病地育苗，采用高畦栽培，避免大水漫灌；

清除病株后，撒生石灰消毒；

加强栽培管理，采用配方施肥技术，喷施植宝素7500倍液或爱多收6000倍液，施用充分腐熟的有机肥或草木灰、五四〇六3号菌500倍液，可改变微生物群落，还可每667m^{2}施石灰100～150调节土壤pH值；

药剂防治，可在发病初期用硫酸链霉素或72%农用硫酸链霉素可溶性粉剂4000倍液或农抗“401”500倍液、25%络氨铜水剂500倍液、77%可杀得可湿性微粒粉剂400～500倍液、50%百菌通可湿性粉剂400倍液、12%绿乳铜乳油600倍液、47%加瑞农可湿性粉剂700倍液灌根，每株灌兑好的药液0.3～0.5L，隔10d1次，连续灌2～3次。

七、马铃薯二十八星瓢虫

马铃薯二十八星瓢虫属鞘翅目，瓢虫科，别名二十八星瓢虫，也称马铃薯瓢虫。主要寄主有马铃薯、茄子、青椒、豆类、瓜类、玉米、白菜等。成、幼虫取食叶片、果实和嫩茎，被害叶片仅留叶脉及上表皮，形成许多不规则透明的凹纹，后变为褐色斑痕，过多会导致叶片枯萎；被害果实则被啃食成许多凹纹，逐渐变硬，并有苦味，失去商品价值。目前发生范围扩大，虫量增多，危害加重，以马铃薯、茄子危害最重。

（一）形态特征

成虫体长7～8mm，半球形，赤褐色，密披黄褐色细毛。前胸背板前缘凹陷而前缘角突出，中央有一较大的剑状斑纹，两侧各有2个黑色小斑（有时合成一个）。两鞘翅上各有14个黑斑，鞘翅基部3个黑斑后方的4个黑斑不在一条直线上，两鞘翅合缝处有1～2对黑斑相连。卵长1.4mm，纵立，鲜黄色，有纵纹。幼虫体长约9mm，淡黄褐色，长椭圆状，背面隆起，各节具黑色枝刺。蛹长约6mm，椭圆形，淡黄色，背面有稀疏细毛及黑色斑纹。尾端包着末龄幼虫的蜕皮。

（二）发生规律

马铃薯瓢虫在我国1年发生2个完整的世代及1个不完整的第3代，世代重叠严重。越冬成虫一般于4月中、下旬开始活动，以茄果类蔬菜秧苗、春播马铃薯植株、叶片为食；6月上旬，越冬成虫产卵，平均每只越冬代雌成虫产卵200～400粒左右，卵多产于叶片背面，数十粒成块；6月中旬为卵孵化盛期；6月底和7月上旬是第1代幼虫为害猖獗时期；7月中下旬为化蛹盛期；7月底为第1代成虫羽化盛期。此期也是产卵盛期；8月上旬大部分卵孵化出第2代幼虫，8月中旬为幼虫为害严重时期；8月中下旬多数幼虫化蛹；8月底陆续羽化出第2代成虫，并开始产卵，9月上旬第三代幼虫孵化，此期由于食源短缺，不能满足其生长发育需要，发育缓慢，且大部分死亡，少部分虽能发育到蛹期，但已近冬季不能正常羽化，使第3代成为不完整的1个世代，9月下旬成虫开始向越冬场所转移。

（三）防治方法

人工捕捉成虫，利用成虫假死习性，用薄膜承接并叩打植株使之坠落，收集灭之。

人工摘除卵块，此虫产卵集中成群，颜色鲜艳，极易发现，易于摘除。

药剂防治，要抓住幼虫分散前的有利时机，可用灭杀毙（21%增效氰·马乳油）3000倍液、20%氰戊菊酯或2.5%溴氰菊酯3000倍液、10%溴、马乳油1500倍液、10%赛波凯乳油1000倍液、50%辛硫磷乳剂1000倍液、23%功夫乳油3000倍液等。

第四章　食用菌栽培及防治技术

第一节　食用菌的价值及产业发展

一、食用菌的概念及生物学分类地位

（一）食用菌的概念

食用菌是能形成大型肉质或胶质的子实体或菌核类组织，可供食用或药用的大型真菌。

常见的食用菌如香菇、平菇、猴头菌、黑木耳、银耳、金针菇、双孢菇、鸡腿菇、杏鲍菇、白灵菇、姬松茸等。它们都具有较高的营养价值，历来被列为宴席上的美味佳肴。

常见的药用菌有灵芝、冬虫夏草、茯苓、马勃、竹荪、天麻、姬松茸、羊肚囷等。它们都有一定的药用价值，在我国的中药宝库中一直是治病的良药。

（二）食用菌的生物学分类地位

最早的生物分类系统是两界学说，在这个系统中，真菌被划入植物界，是植物界里的一个亚门。随着人们对生物认识水平的提高，相继出现了三界学说、四界学说和五界学说。在三界学说中，真菌仍属于植物界。在四界学说中，真菌被划入原生生物界。直到五界（动物界、植物界、原生生物界、真菌界、原核生物界）学说系统诞生以后，真菌才独立成为真菌界。

真菌界在生物分类中独立为一界，是分类学上的一大进展。五界学说的优点

是有纵有横，既反映了纵向的阶段系统发育，又反映了横向的分支发展，能够比较清楚地说明植物、动物和真菌的演化情况。真菌界的主要类群包括酵母菌、霉菌和大型真菌。食用菌主要分布在真菌界的担子菌门和子囊菌门。

食用菌种类多、分布广，与人类的生活密切相关，在自然界中占有重要的地位。有研究统计显示，目前自然界中现存的真菌大约有20万～25万种，能形成大型子实体的真菌约有14000种，其中可以食用的2000多种。中国已报道的食用真菌将近1000种，其中可食用的大约有350多种，具有传统药用价值的达300多种。能够人工栽培的有92种，商业化栽培的30多种。当然，新的菌种还在不断地被发现。多数食用菌是菜肴中的珍品，因此，也可以说食用菌是一类菌类蔬菜。食用菌与动植物及其他微生物相比具有不同的特点，概括如下：

食用菌没有根、茎、叶，不含叶绿素，不能通过光合作用制造营养，依靠共生、寄生或腐生的生活方式来生存。

食用菌的细胞壁大多由几丁质和纤维素等物质组成，有真正的细胞核，这是与细菌、放线菌的明显区别。

食用菌细胞中贮藏的养料是真菌多糖和脂肪，而不是绿色植物中的淀粉。可食用菌的大多数菌丝体由分支或不分支的细胞组成，菌丝体不断繁殖发育形成新的子实体，能产生孢子并能进行有性和无性繁殖，可连续不断地繁殖后代。

二、食用菌的价值

（一）食用菌的食用价值

食用菌具备四个功能。营养功能：能提供蛋白质、糖类、脂肪、矿物质、维生素及其他生理活性物质。嗜好功能：色香味俱佳，口感好，可以刺激食欲。生理功能：有保健作用，可参与人体代谢，维持、调节或改善体内环境的平衡，提高人体免疫力，增强人体防病治病的能力，从而达到延年益寿的作用。文化功能：在世界各地，只要有华人，就有黑木耳的传统食用方法，人们把食用黑木耳作为思念故乡和对祖国文化的怀念；提到灵芝，人们就会联想到《白蛇传》中白素贞盗取灵芝仙草救活许仙的爱情故事等。

从所含各种营养物质的比例和质量来看，食用菌是高蛋白、低脂肪、低热量、富含多种矿物质元素和维生素的功能性食品。

（二）食用菌的药用价值

高等真菌作为药物，在我国已有悠久的历史，它不但是天然药物资源的一个极为重要的组成部分，而且已成为当今探索和发掘抗癌药物的重要领域。食用菌的主要药理作用有以下几项。

1.抗肿瘤作用

猪苓、香菇、侧耳、云芝、灵芝、茯苓、银耳、冬虫夏草、猴头菇等真菌的多糖对某些肿瘤有一定的治疗作用。香菇多糖、猪苓多糖能抑制小鼠肉瘤180的增殖。猴头菇多糖在治疗胃癌、食道癌方面有一定作用。

2.抗菌作用

在食用菌菌种培养过程中，在菌管、菌瓶和菌袋上出现抑菌线或抑菌圈，这是由于食用菌产生的抗生素起了作用，这些食用菌产生的抗生素对革兰氏细菌、分枝杆菌、噬菌体和丝状真菌有不同程度的抑制作用。银耳、冬虫夏草、蜜环菌、竹黄菌均有一定的抗菌消炎作用。

3.抗病毒作用

香菇生产者、经营者和常吃香菇的人不易患感冒，这可能是香菇含有的双链核糖核酸诱生干扰素，增强了人体免疫力的缘故。灵芝、香菇在预防和治疗肝炎等病毒性疾病方面有一定的作用。双孢蘑菇多糖也具有抗病毒的活性。

4.降血压、降血脂作用

香菇、双孢蘑菇、木耳、金针菇、凤尾菇、银耳等含有香菇素、酪氨酸酶、酪氨酸氧化酶等物质，具有降血压、降胆固醇的作用。香菇素又称腺苷，是一种由腺嘌呤和丁酸组成的核苷酸类物质，多吃香菇能降低胆固醇含量，具有一定的治疗高血压和动脉粥样硬化症的功效。

5.抗血栓作用

黑木耳含有一种阻止血液凝固的物质，毛木耳中含有腺嘌呤核酸，是阻碍血小板凝固的物质，可抑制血栓形成。经常食用毛木耳，可减少粥样动脉硬化病的发生。

6.镇静、抗惊厥作用

猴头有镇静作用，可治疗神经衰弱。蜜环菌发酵物有类似天麻的药效，具有中枢镇静作用。茯神的镇静作用比茯苓强，可宁心安神，治心悸失眠。

7.保肝、护肝作用

多数食用菌都有很好的保肝作用。双孢蘑菇制成的“健肝片”，以亮菌为原料制成的“亮菌片”，都是治疗肝炎的药物。香菇多糖对慢性病毒性肝炎有一定的治疗效果。灵芝能促进肝细胞蛋白质的合成。云芝、槐栓菌、亮菌、树舌、猪苓等在治疗肝炎方面也有一定作用。

8.代谢调节作用

紫丁香蘑子实体含有维生素B_1，有维持机体正常糖代谢的功效，可预防脚气病；鸡油菌子实体含有维生素A，可预防视力失常、眼炎、夜盲、皮肤干燥，也可治疗某些消化道、呼吸道疾病。

9.其他作用

近年来的研究成果证明：鸡腿菇能降血糖，蘑菇能止痛，竹荪能治痢疾，猴头菇能消炎，金针菇能长高和增智，金顶侧耳能治疗肾虚、阳痿，阿魏侧耳能消积和杀虫等。这些都与食用菌中含有某些药效成分有关。

一些药用真菌，除对某种疾病有特殊的疗效以外，其作用往往是综合性的，不少药用真菌都有滋补强壮作用，如灵芝、冬虫夏草、香菇等。

许多药用真菌，既可以入药医治疾病，同时又是人们食用的美味佳肴，如黑木耳、香菇、银耳、金针菇、猴头菇、羊肚菌等，都可加工出许多可口的菜肴和保健食品。

（三）食用菌的观赏价值

食用菌形态、色泽多样，具有很好的观赏价值。例如，灵芝自古以来就是吉祥如意的象征，被称为“瑞草”或“仙草”，并赋予其动人的传说。用灵芝做成的盆景，受到人们喜爱。金针菇亭亭玉立，婀娜多姿，常用来做观光农业中的观赏菌。

许多食用菌都有较高的观赏价值，随着社会需求的增加，其观赏价值将会更多地得到体现。

三、食用菌的标准化生产

2003年2月，中国食用菌协会根据国内外食用菌产业现状，提出了实施食用菌标准化生产的意见。标准化生产包括食用菌产品生产环境的标准化；投入品的标准化；生产过程的标准化；食用菌产品及加工品的标准化；食用菌产品及其加工品的包装、储藏、运输、营销标准化。

在实施过程中，要以全面提高食用菌产品质量卫生安全水平为中心，通过健全体系，完善制度，对食用菌生产加工销售，实行“从农田到餐桌”全过程管理监督。主要措施有以下几项。

（一）强化源头管理，净化产地环境

加强对食用菌产品产地环境的监测，及时防止生产环境污染，严禁使用未经处理的污水、废水，强化产品供水水质的管理。严防农药等农资投入品对生态环境和食用菌产品的污染。大力推广应用臭氧灭菌机、紫外线等物理方法进行消毒、灭菌、杀虫。

（二）严格投入品的管理

加强对限用、禁用农药等投入品的管理，严格执行农药等投入品禁用、限用目录及范围。大力推广应用环保型农资投入品，加快推广先进的病虫害综合防治技术，积极开发高效、低毒、低残留的农药等投入品，逐步淘汰高毒、高残留投入品品种，严肃查处生产、经营、使用国家禁止的农资投入品行为。搞好技术培训，使生产者掌握并遵循安全生产的技术规程，减少有毒有害物质的残留。

（三）加强产品质量全程监测

生产基地和各类加工企业，要严格执行食用菌卫生管理制度、栽培操作规程、技术标准和产品质量标准。严格按照标准组织生产和加工，科学合理使用农药、添加剂等投入品。为实现食用菌无公害生产，必须对食用菌产品质量安全实行严格的全过程管理，全面开展产地环境、生产过程和产品质量监测，加大食用菌菌种生产和经营的监管力度，严格控制劣质菌种流入市场。

（四）加快质量标准体系建设

按照技术先进、符合市场需求和与国际标准接轨的要求，生产基地和生产、经营企业要尽快建立包括食用菌生产技术、加工、包装、贮藏（保鲜）、运输等环节的质量标准体系。尤其要加快建立食用菌产地环境、生产技术规范和产

品质量安全标准体系，并不断完善配套。具有一定规模的生产、经营企业要采用先进的检验检测手段、技术和设备，建立严格的产品自检制度。各地各企业要逐步配备快速检测仪器设备，加强简便、快速、准确、经济的检验检测技术和设备的开发，进一步提高检验检测技术水平和能力。

（五）加大宣传力度

要加大对食用菌产品质量安全方面的有关政策、法规、标准、技术的宣传和培训，提高全行业产品质量安全意识，形成全社会关心、支持食用菌产品质量安全管理的氛围。

四、我国食用菌产业历史及发展趋势

（一）古代食用菌栽培的历史

据考古发现，食用菌在一亿三千万年前的白垩纪晚古生代就已经存在，比人类在地球上出现的时间要早得多。据此可初步推断，最原始的人类可能会以食用菌为食物。

我国是历史上栽培食用菌最早的国家，早在唐代就有史料记载。公元7世纪苏恭的《唐木草注》记载："楮耳人常食，槐耳疗痔，浆粥安诸木上，以草覆之，即生蕈尔。"这是最早介绍木耳栽培的资料。而国外直到16世纪，意大利人才试验成功鳞耳的栽培技术。公元1000年左右，宋朝人吴三公发明了砍花种香菇的技术，这种方法最早流传于浙江龙泉、庆元、景宁一带，并被作为秘方流传于三县，吴三公去世后，当地群众封他为菇神并为他修建菇神庙。砍花种香菇被元代人王桢记录于他的《农书》一书中："取向阴地，择宜木伐倒，用斧砍之，以土覆压，经年树朽，以蕈砍锉，匀布坎内……"这些资料显示，我国早在1000多年前就能熟练掌握香菇的栽培技术。还有些典籍如《菌谱》《图经本草》等都有对食用菌的记载，这些资料都能反映我国在食用菌栽培方面有着悠久的历史。

（二）发展趋势

1.向高效益发展

向高效益发展的特征是反季节栽培、立体化栽培，大力发展珍稀菌类。

反季节栽培、立体化栽培，可充分利用基础设施，有效调节市场供求，保证产品质量稳定、价格稳定；发展珍稀菌类有更大的利润空间。

随着我国经济的飞速发展，人们对珍稀菌类的需求也日益增大。如能抓住商机，提高科学的栽培技术，不断扩大珍稀食用菌生产，就能获得更高收益。

2.向高质量发展

食品安全，全世界关注。作为食材的食用菌，必须安全、无公害，才能立于不败之地。因此，生产应实行标准化，减少农药、激素的使用，多采用物理、生物防治方法。

从生产食用菌培养料开始，到播种、发菌、出菇管理、采菇，以及加工、包装、储运、销售的全过程，只有严格遵循无公害的原则进行操作，才能生产出有竞争优势的高质量产品，实现食用菌产品有机、绿色、无公害的目标。

3.向工厂化、规模化、专业化、产业化发展

未来我国劳动力和原料成本不断提高，将会促进食用菌产业生产模式从千家万户的手工作坊栽培方式走向自动化、机械化、工厂化栽培。

食用菌工厂化栽培是一种具有现代化农业特点的工业生产模式。工业技术的使用，在一个相对可控的环境设施条件下实行高效的机械化、自动化操作，可实现食用菌的规模化、智能化、标准化、集约化、周年化生产。

应根据我国食用菌产业的发展特点，开发适合工厂化生产的高效率、低能耗食用菌生产设备。结合现代网络技术，综合利用现代物联网及信息技术和环境调控设备，研发食用菌生产环境（温度、湿度、光照、CO_2浓度）因子的远程智能控制技术，突破食用菌生产地域和季节环境的限制，建立远程中央信息环境因子监测控制中心，建立大数据环境信息库，实现食用菌产业工厂化的高效管理和科学生产。

4.向增值化发展

食用菌以原料形式进入市场效益低，食用菌加工不仅能使其增值、延长货架期，而且可调节市场供求，促进食用菌产业健康可持续发展，且加工技术层次越高，升值倍数越大。

当前，中国食用菌产业以初加工为主，辅以深度处理。初加工包括简单的细切、除尘以及除杂，包装后直接进入市场。辅助的处理指在初加工完成的基础上，简单地处理（糖浸出、盐浸、膨化等）生产低糖蘑菇、食用菌罐头食品、休

闲食品以及即时食品等。食用菌深加工是将已经预处理的食用菌产品，通过特定的加工工艺生产菌类产品的高新技术，如食用菌健康产品、食用菌休闲食品以及食用菌饮品的生产。

应大力发展食用菌加工业，使食用菌生产从传统粗放经营转向集约经营，发展以深加工、精加工为主体的食用菌加工业。精加工的重点是开发保鲜期长的真空低温、速冻等制品，深加工的重点是开发高附加值的相关产品，如药品、保健品和化妆品等，从而使食用菌产业的经济效益提升到更高水平。

第二节　食用菌的栽培技术

为更好地满足食用菌市场的实际需求，提高食用菌栽培技术是非常有必要的，希望可以通过探究进一步提升食用菌产量以及质量，从而促进我国食用菌栽培行业的整体健康发展。

一、培养料的选取以及调制

在进行食用菌栽培时，应该对培养料进行合理选择。现阶段来看，桦木为我国优选的食用菌培养料。首先要将桦木制作成木屑，在其中按照一定比例掺加米糠、麦鼓以及麦子壳等配料并均匀混合。当配料掺加完成之后，还应该注意在其中加入一些微量元素及纯水，从而起到对培养料进行调节的作用。对其进行反复搅拌，保证其干湿度符合培养基调制需求。

在进行培养料制作时，应该注意始终保持培养料处于干燥并且新鲜的状态，避免培养料结块发霉或者虫蛀的发生，否则会对最终食用菌栽培品质产生较为严重的影响。

在向培养料中加入水分时，应该注意对水含量进行合理调节，根据所选用木屑的软硬程度以及空气环境湿度来确定添水量，要在配比过程中对水量进行微调。通常情况下，培养料中的含水量会直接关系到菌丝的生长状态，如果培养基含水偏低，会导致菌丝的生长受到抑制，从而降低产量；如果培养料中的含水量过高，很可能会导致菌丝必备的养分缺失，从而降低了菌丝活性，会导致菌丝因窒息导致死亡。可以将培养料的含水量控制在60%左右，这样更加容易对其含水量进行微调，使其与菌丝实际生长需求较为贴合。

当培养料配制完成之后，应在7h内对其进行封装。在对封装袋进行选择时，应该保证其薄厚适宜，并且化学成分含量符合标准要求，还要注意对菌袋进行灭菌，并且注意菌袋不能保留过夜。在对菌袋进行消毒时，应该置于灭菌锅内，要使灭菌锅快速达到100℃高温，然后释放其中的冷气。当其温度下降到0℃时，再将冷气阀关闭，然后再将其重新升温到100℃，这样才能起到灭菌效果。

（一）工农业废料

食用菌人工栽培中，栽培料的来源较广，如果把工业或者农业生产中产生的废料收集起来循环利用，不仅能缓解环境污染，还能够把废物变为宝物，节约资源。例如，果树修剪枝条、废杂木、棉籽壳等都可以当作香菇、杏鲍菇等食用菌的栽培料，但不同的栽培料对食用菌的影响程度有所差异。玉米芯和柠条混合物用作栽培料时，能够促进食用菌的快速增长；而中药药渣废料用作栽培料时，能够极大地提升平菇品质。这主要是因为中药药渣经过配料、曝晒和灭菌之后，栽培出来的平菇生产周期较短、生产量较大、菌种被污染的概率较低，不仅能提高经济利润，还有利于减少环境污染，促进食用菌业的持续、稳定发展。

（二）栽培食用菌底部的垃圾

食用菌废料经过加工处理后，可作为一种栽培原料。当废弃物被重复利用时，必须充分了解食用菌的温度分布和分解能力，并根据它们的差异有效地匹配废弃物。

（三）栽培料灭菌处理

灭菌培养料可以防治培养料中的微生物作用阻碍菌株的生长，技术人员应该加强对栽培料的灭菌处理。

1.高温灭菌

高温能够使蛋白质失去原有的特性，发生变性现象，进而杀死培养基中的微生物，实现灭菌的目的。不同的灭菌方式需要不同的设备、温度及压力，其中常压灭菌、高压蒸汽灭菌等都是比较常用的灭菌方式。

2.加药消毒

在实际的栽培料中，往往需要添加一定的杀菌剂用以消毒和灭菌，这一做法需要相关工作人员具有丰富的经验和工作技巧，如果不能保证以上两点，很有可能因添加的杀菌剂量不合适而对食用菌产生伤害。杀菌剂过多会对食用菌的发育产生一定的影响，同时，还会影响食用菌的产量及经济效益；杀菌剂过少，则不会彻底清除培养液中的杂菌。所以，要严格控制杀菌剂的用量，相关人员也应该加强对杀菌剂的研究。

二、优质菌种的选择以及发菌培养

（一）优质菌种的选择

若想要保证食用菌的产量以及质量，选择优质菌种是非常重要的环节，应该注意选择那些高产并且具有高抗性的菌株，同时还要能适应本地区环境气候，严禁选择受污染的菌种。

在进行菌种接种时，严格按照我国现行菌种接种标准规范进行操作，从而使接种成功率得到保障。在进行菌种接种操作的过程中，应该保证整个操作环节干净卫生，远离污染源。

当菌袋完成灭菌操作之后，要及时将其放置于接种室内，并且对其进行消毒。当菌袋的温度达到30℃以下时，才能进行接种操作，在接种的过程中相关工作人员应该注意利用75%浓度的酒精对双手以及各种接种工具进行消毒，消毒完成之后才能进行接种。

（二）发菌培养

在进行食用菌发菌培养时，应该注意对环境温度以及湿度的有效控制。首先，要保证培养室的发菌环境温度为25℃左右，并且要保证环境通风、干燥以及整洁卫生；其次，要将培养室环境湿度控制为70%左右。当培养室内部的菌丝生长到5cm以上时，应及时翻袋检查，一旦发现有发霉、干燥的菌袋应及时处理，避免其他菌袋受到影响。对于食用菌的生长来说，需要氧化基质持续提供能量，只有通过这种方式才能保证食用菌健康生长。一旦食用菌所处环境出现缺氧，就会导致食用菌菌丝体的生长受到抑制，这主要是由于菌丝体的呼吸功能受到了抑制，严重的还有可能使食用菌死亡。

因此，要保证食用菌的生长环境通风良好，同时还要保证在进行菌袋翻动的过程中尽量不要改变周围环境的温度以及湿度。当食用菌菌丝生长至1～2cm时，应该对菌袋进行一次翻动，并且要保证今后培养发菌的过程不能受到光照，这样才能使食用菌菌丝始终保持健康良好的生长状态，这也是保证其产量以及质量的关键。

三、食用菌育种、接种与栽培

（一）育种

1.杂交育种

在实际工作中，杂交育种的应用范围最广，效果最为理想。杂交育种主要是指双亲遗传物质进行排列重组获得优质品种的过程。杂交育种顺利进行的前提是食用菌中必须包含有性孢子，先进的科学技术在杂交育种领域的应用范围越来越广，如杏鲍菇被紫外线照射后，单核菌丝进行单孢杂交，可以筛选出优势菌种。

2.人工育种

人工育种属于新优品种选择，主要通过人工有针对性地选择变异菌种，挑出并收集一些有益和自发的变异菌种，最终获得想要的新型食用菌品种。

（二）食用菌接种

1.接种室工作要点

食用菌种生长环境比较特殊，在建设接种室时，要考虑到食用菌的实际生产需要，而且要结合菌种特点进行合理修建，这一过程中要始终坚持密闭遮光的原则，总体面积应该保证在9m^{2}左右，高度应该控制在2.5m以内，要严格控制接种室湿度，室内的墙壁和桌子应该是光滑的，有酒精灯、棉花等接种工具，使用滑动门。相关人员要对接种室进行优化设计，接种室主要由空气净化系统及接种主体室构成，外塑料膜、进气道、金属支架等构成主体部分，其中，外塑料膜设置拉链开关，人员可以通过该开关进入。接种室内要进行高温灭菌处理，在接种时，要过滤及净化空气，从而降低对菌种的污染。

2.接种要求

首先，对食用菌接种，其中重要的一点是保证接种工作处于无菌环境中，这就需要对接种人员和设备进行消毒；其次，要提高疫苗质量，应保证接种工作在规定时间内完成，一般要求为48h内；加强对介质温度的控制，它在培养食用菌的生长发育中起着重要的作用。

（三）栽培

1.栽培场地的选择

食用菌栽培对环境要求较高，应选择水源清洁、空气流通、排水方便的地区，在温度较高时，选择阴坡或者林地种植；温度较低时，应该选择向阳、背风的地方，加强对空闲空间资源的合理分配与规划，这样能够有效提高土地的利用率。

2.培养模式

食用菌栽培模式包括野生模拟栽培、液体菌种培育等栽培模式。仿野生栽培是使用玉米棒、棉籽壳和其他农业和林业产品作为食用菌栽培生产的材料；用人工接种方法让菌丝体生长，直至成熟，再放在自然环境中让其成长。液体菌种培养是在生产过程中使用液体培养基栽培，与其他栽培方法相比，栽培方法污染小、成本低、工艺简单、质量好、食用菌优势好。

四、出菇棚的建立与出菇阶段的管理

（一）出菇棚的建立

出菇棚的建立是食用菌栽培中一个非常重要的环节。首先在选择出菇棚建设场地时应该保证场地宽阔，还要确保良好的通风，不会对食用菌菌丝的正常生长产生负面影响。同时，还要保证场地周围没有垃圾场以及其他污染源。当出菇棚场地选择完毕后，要先对场地区域进行翻土晾晒，然后再对其进行灌水，这样一来不仅可以使场地湿度达到标准，同时也起到了较为理想的消毒效果。其次，在进行出菇棚建设时，应该保证出菇棚结构的牢固性，同时还应该秉持着“因地而走”的原则，要根据场地实际地形条件来设置排水系统，从而使得出菇棚排水良好。最后要选用质量符合标准的塑料薄膜来搭建出菇棚，搭建完成后，要在出菇棚上附着一层遮阳网，遮阳网主要起到保温的作用。此外，还应注意利用草帘将出菇棚四周围住，要适当预留通风口。

（二）出菇阶段的管理

通常情况下，食用菌菌袋通过为期几个月的生长后，在保证其营养供应始终符合食用菌生长要求的前提下，菌带菌丝会逐渐转化为生殖生长，并且会出现菌丝扭结以及瘤状凸起的现象，这表明食用菌已经进入生理成熟期，此时栽培技术人员应该将菌袋移出菌室，将其放置在出菇棚内。但是大多数时候出菇时间是不确定的，其往往与菌种选择、发菌室温度湿度控制以及栽培时间选择等因素有直接关系，只有保证多项因素符合标准要求，才能使出菇期限做到可调控。当确定菌袋需要移入出菇棚时，首先应对菌袋入棚的时间进行合理选择，一般情况下应该选择在晴天进行。其次，在进行菌袋入棚操作时，还应对空气湿度进行有效控制。可以通过人为喷洒清洁水源的方式来控制湿度，如果环境湿度过低，会导致水分快速蒸发，从而使得菌袋基质水分丢失速度加快，不利于食用菌的生长；如果空气湿度较大，很可能会导致菌丝表面水分蒸发停止，从而使营养输送受到一定遏制，同样不利于菌丝生长，严重的还会导致线虫感染的发生，进而致使菌丝体出现腐烂或者死亡。再次，要保证出菇棚内部通风条件良好，进一步强化出菇棚通风换气工作。最后，当食用菌逐渐生长时，保证出菇阶段出菇棚内部有良好的光照条件，这样才能更好地促进子实体原基分化。但与此同时，也应根据不同菌种的实际情况对光照条件进行合理安排，这样才能促进食用菌生长。

五、无公害食用菌高产栽培技术

当前我国农业科学技术能力在不断提升，进一步提高了农产品的生产力，农业种植变得更加全面，无公害食用菌栽培技术也应运而生。无公害食用菌高产栽培技术能让种植户获得较高的种植效益，保证种植户有可观的经济效益。

（一）影响因素分析

无公害食用菌在栽培处理过程中容易受到诸多因素的影响，特别是在初级阶段，要对各类病虫害进行有效防控，让整体生长环境更加充分，相关的药物应用不会产生任何的负面影响，使其适应各种生长环境，并保证培育出的食用菌无公害。除此之外，在食用菌菌种生长过程中，需要对温度、光线进行有效的控制，并维持在相关的标准之内，做好湿度的把控，避免阳光直照。如果遇到特殊情况还要进行散射光线处理，保证食用菌丝生长得更加稳定，形成的胞壁色素更加合理。食用菌在栽培过程中对虫害的反应情况、农药应用情况，以及环境酸碱应用情况要充分重视，并将食用菌丝的pH值控制在4～8，保证其酸碱度合适，这样才会使食用菌生长的更加快速，展现出良好的培育质量。同时在培育过程中要科学合理地控制农药剂量，完善培养环境，针对突发情况进行全面净化，以此优化病害应用现状。另外，栽培技术员对于生长环境要给予足够的重视，定期对基本情况进行检测分析，防止出现菌种退化的现象，从而培育出质量良好的食用菌种。

（二）高产栽培技术

1.全面筛选确定菌种

种植户在对无公害食用菌进行培育之前，需要进行全面的选取，然后作出科学合理的分析，保证能够掌控食用菌的生长情况，科学合理地进行养分供给，形成良好的应用现状，结合农作物进行高效生产，并在任何环境下都会体现出良好的适应能力，更好地抵抗一切外在因素的干扰。如果出现食用菌菌种真菌污染情况，要进行全面检测分析，对于各个阶段的长势情况都要做好记录并保存，为后续的培养提供有力的数据支持，防止食用菌出现大面积的污染，避免食用菌在生长过程中受到外在因素的干扰。

2.创设出良好的培育环境

为了提高栽培质量，不仅需要良好的栽培技术，而且需要科学合理的栽培环境。通常情况下，不同地区的食用菌栽培特点都存在一定的差异，一定要根据当地情况进行环境条件的设定，采取科学合理的方法进行菌房消毒处理，然后根据实际情况选择出良好的菌株，并完成相关的设备应用，确保食用菌在生长过程中不会受到任何细菌微生物和病毒微生物的干扰，让后续的技术结合变得更加顺畅。

3.完成培养配置应用

对无公害食用菌进行全面培育过程中，一定要选择纯度更高的营养菌种进行操作，并进行全面的颗粒脱毒处理，以此展现出良好的天然应用效果。在操作过程中，一定要利用相关的化学原料进行加工制作，形成良好的包衣溶剂进行封闭处理。当前的无公害食用菌菌种培育处理，主要通过相关的原料组合进行，主要包括水、葡萄糖、马铃薯、硫酸镁、维生素、磷酸二钾，不同的成分都有各自的应用含量，通过混合形成良好的培育基，保证多种食用菌都可以全面发育。除此之外，对于环境的温湿度还要进行全面把控，相关技术人员要对培养基原料中的木屑成分进行改变，根据实际情况补充相关的微量元素，通过微量元素的活跃性使内部的温湿度能够进行科学合理的调控，更好地满足食用菌的基本生长需求。如果是在土质环境条件下进行培养基养料的处理，要提前设定出50%的辛硫酸，这种培养基养料在与食用菌结合之后，对各种有毒菌以及有毒微生物进行充分抵御，对内部的无公害食用菌生长起到一定的保护，降低各种负面因素所产生的影响，对内部的生长环境健康作出重要的保障。

4.进行充分的装袋处理与接种处理

在对无公害食用菌进行培养配置完成之后，要做好装袋处理以及接种处理，这样才能够提高整体时效性，同时还要完成相关的高温加热处理以及蒸煮处理。在高温状态下一定要保证加热温度维持在100℃左右，同时在蒸煮处理之前，要提前利用心尖灭毒液进行锅底擦拭处理，保证良好的无菌环境，然后再进行无公害食用菌接种处理，保证每一步都不会受到任何外在因素的干扰；同时在进行培育之前，还要针对每个环节进行清洁处理，保证各类器皿容器都可以达到较高的清洁度；还要进行换气通风，使得整个过程温湿度把控更加充分，这样才会有利于无公害食用菌快速稳定地成长。

5.加强水肥管理应用

无公害食用菌在全面生长过程中不仅需要良好的培养基的配置应用，在后续生长过程中还要进行水肥添加与补充，针对每个环节都要进行充分的管理。通常情况下，无公害食用菌完成培育应用之后，要根据相应的时间节点进行肥料补充，补充的肥料主要包括粪便水、酵母水、蛋白水。其中动物的粪便水还要提前进行高温处理，并按照相关的比例进行融合，均匀地洒在无公害生长菌区域内：要不断添加浆水，并按照1：70的比例融合，之后加入一定的蛋白水和酵母水混合搅拌后，均匀喷洒在无公害食用菌表面，这样将会有助于提高食用菌的栽培产量。

第三节　食用菌病虫害及其防治

一、食用菌栽培中常见病虫害种类

（一）褐腐病

食用菌褐腐病来源于菌盖疣抱霉，不仅影响到菌盖的生长发育，并使菌盖发出腐败的臭味，还会导致菌柄膨胀抑或是菌伞缩小逐渐溃烂。导致食用菌褐腐病产生的主要原因是未做好覆土消毒，导致了细菌滋生；通过营养料将病菌带入菇房，导致褐腐病的发生。褐腐病主要以喷水进行传播，在菇房中逐渐蔓延，影响到食用菌的生长发育，导致产量下降。

（二）软腐病

软腐病多发于南方，在高温高湿度的培养条件下较为常见。软腐病主要来源于树枝状葡枝霉，是通过覆土或者是空气进入菇床中。软腐病的主要症状为食用菌被暗灰或者是绿色的蛛网状菌丝进行覆盖，逐渐导致食用菌湿腐死亡。

（三）菌盖斑点病

菌盖斑点病的主要表现为，食用菌菌盖的表面凹凸不变，并且会逐渐出现各种各样形态各异的斑点，在严重的时候还可能会导致菌褶黏连。菌盖斑点病主要依靠空气进行传播，常见于覆土中，主要来源于白色扁丝霉，在空气湿度较高的条件下容易产生。

（四）褐斑病

食用菌褐斑病又被称为干腐病或者是干泡病，主要表现为食用菌会逐渐变成干缩的菌块，无法形成正常的菌柄和菌盖，食用菌的生长发育会受到一定程度的影响。褐斑病主要来源于菌生轮枝霉，在春天时发病严重。尤其是在通风条件不好的菇房中，一旦发病，传播和流行的速度非常快。

（五）草菇小球菌核病

草菇小球菌核病来源于小球菌核，繁殖能力较强，能够在最短的时间内吸收宿主的营养成分，进而对宿主的生长发育造成严重影响。草菇小球菌核病在初期会在草菇或者是菇床上长出银白色菌丝，等到后期菌丝脱落后会出现小菌核，进而对食用菌子实体造成一定程度的影响，或导致菌包长出不规则裂纹或皱褶，致使食用菌丧失商品价值。

（六）眼覃蚊

眼覃蚊又称为尖眼覃蚊、菇蛆。眼覃蚊主要是依靠卵和幼虫通过培养料和土壤中进入菇床中，其成虫可以直接飞入菇场中。眼覃蚊幼虫除了会咬食培养料和菌丝外，还会在子实体上进行打洞蛀食，导致子实体组织逐渐变黄，菌柄基部呈现海绵状，严重时会导致子实体腐烂死亡。眼覃蚊成虫尽管并不能对食用菌造成危害，但是可以携带病原菌，影响食用菌生长发育。

（七）烟灰虫

烟灰虫又可以称作跳虫，所适应的温度范围相对较广，喜欢潮湿和腐残质较多的环境，并且行动非常的灵活，具有较强的弹跳力，可以成群地漂在水面上。一般来说，烟灰虫的卵可以通过培养料和土壤对食用菌造成一定程度的伤害，可以通过水流进入菇场，成虫咬食菌丝和食用菌的子实体，使菌盖表面出现凹点，进而影响到食用菌的商品质量。

二、食用菌病虫害特点

由于病虫害杂菌往往发生在培养基内，与食用菌混生在一起，很难采取有效的防治措施，这就导致食用菌病虫害的易发生性、普遍性及防治的困难性。

首先，近年来食用菌广泛用于人工栽培，有机肥料为食用菌提供了营养，同时也为病虫害的滋生创造了条件。例如，跳虫、端虫、线虫等都将有机质作为食源，而更大型的白蚁、蚤蝇等昆虫也喜食腐熟潮湿的有机质。此外，食用菌本身会散发出特殊的气味，吸引昆虫在此产卵，致使基地的灭虫活动旷日持久地开展，却始终无法从根源上清除。

其次，绝大多数的食用菌在20～26℃下生长，这也为病虫害的繁殖提供了优越的条件，病菌在长期稳定的环境下成倍繁殖，危害速度极快，致使食用菌长期受到病菌侵蚀，质量没有保障。

最后，食用菌的种类繁多，且同种类的不同个体形态各异，害虫病菌成堆聚集，容易引起交叉感染，从而加剧食用菌发病，致使其腐烂发臭，有时交叉感染还会形成新的病变，进一步加大对食用菌的危害。

三、食用菌病虫害防治关键控制点

（一）加强对环境条件的控制

我国当前的农业污染严重，河流与大部分土地都带有农药残留的成分，对于食用菌的生长已经构成威胁。鉴于此，应加强对环境的综合治理，为食用菌提供一个健康、安全的生长环境。

例如，在空气杂菌含量低的环境下培养食用菌，可以有效降低菌类与病菌的接触机会，提高菌种的发菌率。木腐菌与草腐菌应分开种植，由于两者处于同一发菌时期，养料的发酵会招来大量的蚊虫病菌，若在同一环境下进行栽培，会大大提升污染指数，更容易造成交叉感染。同一培养食用菌的房间在使用前应进行消毒处理，室内外都要彻彻底底清扫干净，在投入使用前2h要用药熏蒸，杀死房间里的病虫害。

（二）加强对培养料的控制

应尽可能选用无霉变的原料，如棉籽壳不能被虫蛀过，玉米芯要进行通风、晒干、捣碎后才能使用等；严格做好原料的处理工作，如木腐菌需要经过强化基质灭菌及消毒处理，以确保熟化菌袋的无菌程度，要使用韧性强、封口紧的菌袋，在菌袋操作过程中动作要轻柔，防止破袋；培养基配方需合理，确保食用菌发育良好，从而增强其抵抗病虫害的能力。

（三）加强对接种、培养过程的控制

食用菌的接种应选用抗病能力强、生活力强、纯度高的菌种，规范接种程序，严格按照无菌标准进行操作。同时，重视灭菌灶的运用，有条件的基地可采用双门隧道式常压灭菌锅，其能够使灭菌锅前后的距离分离开，大幅度降低交叉感染的概率。另外，培养室内需要安装保温、保湿装置，保持室内温度湿度恒定，使菌丝能够在适宜的温度下生长，加快繁殖速度，快速长满培养袋。

（四）加强对栽培管理的控制

将同一品种、同一播种期的菌类安排在同一生长空间里，便于播种与采摘。每天定点对室内进行通风，保证室内温度适宜，在满足菌类生长条件的情况下尽量减小湿度，防止病菌在潮湿环境中传播，待菌类长成后，连根清除残留部分以及受到污染的菌袋，保持培养房的清洁。

当出菇期间遭遇病虫害时，可联合生物与物理方法进行处理。对于病情过重的菌体直接铲除，以防止其对周围菌体造成传染。每波栽培都应考虑更换种类，杜绝连续栽培相同品种，以免食用菌病虫害持续性暴发，为菌类栽培带来毁灭性影响。

四、食用菌病虫害综合防治手段

（一）生产前期

1.控制菌种质量

为严格控制菌种质量，在食用菌栽培之前可以将不同种类的食用菌进行小范围的试验栽培。在栽培的过程中针对食用菌的产量以及受病虫害的程度进行详细的记录和分析，从中选出质量最佳的菌种进行栽培，小规模菌种选取可以交托当地的专业菌种厂来进行处理。

2.培养料和覆土的具体要求

培养料使用前要对其进行阳光暴晒消毒杀菌，最大限度规避虫害。食用菌的培养料一般是以稻草为主，要选取足够新鲜且没有任何霉变的稻草，对其进行干燥处理。对发酵过程中培养料的含水量和pH值进行严格的控制，确保其在合理的范围内，避免因为培养料对食用菌的生长发育过程造成影响。

在覆土消毒的过程中也要严格按照相关的流程对其进行处理。覆土消毒是食用菌栽培中最为关键的环节，覆土消毒措施到位就能够最大限度减少食用菌病虫害的发生。

（二）食用菌栽培期

1.做好卫生工作

食用菌废料以及地面、菇床都是病虫常栖息的场所，也是引起病虫害发生的主要来源，较为容易引发疣抱霉、菇蝇和线虫的滋生，因此要做好菇棚、菇床以及地面的消毒工作。尤其是在春菇结束之后及时清除食用菌的废料，拆除菇床体，并用高压水枪冲洗菇房和床架，打破病虫害的休眠状态，并在7～8d后用扫蜻净–多菌灵喷雾对其进行初步消毒。此外，在稻草料建堆之前要对菇棚周边的杂草进行清除，做好开沟排水处理。

2.发菌期综合防治

在培养料发酵之后开棚翻格前使用三唑磷对菇棚外四周进行除虫。在翻格的时候将培养料充分抖动，均匀地铺在菇床上，并根据培养料的干湿程度确定是否要补水。在播种的时候先将2/3的菌种种入料内4～5cm处，另有1/3的菌种撒于料面上轻轻压实。在种好之后用葡萄糖+扫蜻净+阿维菌素的培养结合料面水喷于料面，促进菌种的萌发和二次防虫。

3.栽培的日常管理

在食用菌生长的过程中要对菇房温度进行实时监控，避免因为温度过高导致病虫害的发生，温度过低影响到食用菌的产量。要避免菇房中湿度过高，使其保持在相对合适的区间。确保具备较好的通风条件，若菇房在长时间封闭的状态下将会导致空气的流动性较差，进而滋生细菌，抑或是导致覆土过于潮湿，在一定程度上加剧了褐色石膏霉的滋生，如果培养料中氨气的含量较高则较为容易滋生白色石膏霉或者橄榄绿霉、黄霉菌等。此外，如果在食用菌生长发育的过程中有异味散出，要及时摘除并销毁，避免对其他菇体造成影响。

4.合理的化学防治

单纯对温度和湿度进行控制，难以实现食用菌病虫害的综合防治，需采取科学合理的化学防治手段进行防治。定期向土壤以及培养床的周围喷洒含量为1%的甲醛水溶液或者是多菌灵液，周期为1个月。如果发现病虫害，可以选用菌毒清1000倍液或者是菇菌清300～500倍液。此外需要注意的是，在施药前后，菇床要停水1d，避免药入水中对食用菌的生长造成影响。每次施药间隔为3～4d，一般3～4次即可有较大的成效。

（三）食用菌生产后期

菇体生长到2～4cm即可采收。在菇棚温度较高或者是出菇密度较大的情况下，要尽早收取。若菇棚的温度相对较低，出菇密度较小，则可推迟采收。食用菌采收后死菇老根要及时进行清除，并运送至远离菇棚的地方。春菇结束后要做好废料清理工作，还要对菇棚进行初步消毒，避免病虫害影响到下个生产季节。

五、食用菌病虫害综合防治推广

（一）助推防治技术推广

多数食用菌栽培户知识水平有限，并且在栽培的过程中不同种类的食用菌对技术要求也不同，因此在当前阶段专业领导小组要加强对食用菌病虫害综合防治手段和技术的推广力度。督促菇农定期进行食用菌病虫害防治技术专业知识的培训学习，并定期邀请食用菌栽培专家进行实地考察和指导，开展菇农交流大会；通过技术资料的发放等提高菇农的专业知识水平，为食用菌栽培提供有效保障。

（二）加强创新技术推广

食用菌栽培过程中，其病虫害的防治技术也越来越成熟和高效，相关部门要定期对菇农宣传栽培新技术。例如，保温廊棚的应用等，最大限度规避和防治食用菌病虫害的发生，有效地提高食用菌的经济效益。促进栽培效率的提高，实现食用菌的现代化栽培。

六、食用菌无公害防治

随着人们生活水平的不断提高，人们对食用菌的品质也提出了更高的要求，但随着化学农药在食用菌病虫害防治过程中的普遍使用，食用菌农药残留超标，对人们的身体健康造成极大的损害，也给农业生态环境造成严重的破坏。因此，推广食用菌病虫害的无公害防治措施势在必行。

（一）无公害防治原则

食用菌生育期短，组织柔嫩，抗药能力差，且子实体易于积累化学农药，影响食用菌的风味和人的身体健康。其次，由于食用菌与大多数杂菌及病原菌具有同源性，且目前还没有高效的选择性杀菌剂可供使用。因此，食用菌病虫害及杂菌的防治应遵循“预防为主，综合防治”的原则，强调环境控制和物理、生物防治相结合的综合防治办法。

（二）无公害防治措施

1.预防措施

（1）菇场设计科学

场地选择和设计要科学合理。选址应远离垃圾堆、畜牧场、化工厂和人群密集的地方，水源充足且清洁无污染。室外栽培时，应选择土质肥沃、疏松、排灌方便、未受工矿企业污染的土壤。从防止有害生物角度出发，把原料库、配料厂、肥料堆积场等感染源区与菌种室、接种室、培养室、出菇棚等易染区隔离；防止材料、人员、废料等从污染区流动到易染区；有条件的菇场，应将培养室与出菇棚分开，以减少培养期污染。

（2）环境卫生清洁

搞好环境卫生是有效防治食用菌病虫害的重要手段之一，也是其他防治技术获得成功的基础。做好日常清洁卫生工作，将废弃物和污染物及时烧毁或深埋；及时清理周边环境中的杂草、积水及各种有机残体，避免病虫滋生；同时控制栽培场所人员流动；对发病严重的老菇房要进行熏蒸消毒，发现病菇、虫菇要及时摘除，并进行集中烧毁或深埋，不可随意丢弃。此外，每一季栽培结束后，应彻底清理菇场。

（3）选用优良品种

因地制宜选用抗病虫性、抗逆性强的菌种；同时，使用菌龄适宜的菌种，并适当加大播种量，以增强抗病虫能力；不得使用老化或受到污染的菌种。

（4）配料慎重合理

选用新鲜、无霉变、干燥的原材料做培养料；配料时勿添加过多糖、粮类营养，拌料时要求偏弱碱性；草腐菌培养料进行发酵处理，利用堆肥发酵高温杀死病菌虫卵，严格要求进行二次发酵；严格灭菌操作，避免灭菌不彻底造成的批量污染；拌料避免使用污水，水质应达到饮用水标准，培养料的含水量不能过高；培养料应混合均匀，并严格按照配方要求进行配制。

（5）实施轮作换茬

对于发生过严重性病害、虫害的出菇棚或栽培场所应采取换茬或轮作的方法，避免病虫害再次暴发。

（6）接种过程严格无菌操作

接种室使用前先清洁，再严格消毒，紫外线灯与熏蒸或喷雾配合使用；接种人员进入接种室更换衣帽，操作者的双手也要严格消毒；接种前做好菌种的预处理，接种工具要用火焰灼烧；接种过程动作迅速；接种后及时清洁接种室。

（7）创造适宜培养条件

对于不同种类的食用菌，在发菌和出菇阶段，科学合理调控光、温、水、气及等生态条件，促使食用菌健壮生长，控制病虫害的发生。

2.防治措施

（1）物理防治措施

设置屏障：菇场门窗和通气口安装防虫网、纱窗或纱网，出入菇房随手关门，防止成虫飞入产卵；在地道菇房的进出口保持几十米黑暗，注意随时关灯，防止有趋光性的成虫趋光而人。

人工诱杀：利用菌蚊幼虫群集吐丝拉网习性，可在其群集后人工捕捉销毁；利用菇蚊喜欢麸皮的习性用腐烂麸皮配合杀虫剂进行诱杀；根据跳虫喜水习性，利用水盆诱集消灭；对有趋光性的害虫，利用黑光灯和节能灯辅以粘虫板或杀虫剂进行诱杀；利用螨类对香味的趋性，可以利用肉骨头或炒香的茶籽饼或棉籽饼进行诱集，集中消灭；还可利用螨类和蝇类对糖醋液的趋性进行诱杀。

水浸法防治害虫：瓶或袋栽的食用菌可将水注入瓶或袋内，菌棒或块栽的可将栽培块浸入水中压以重物，避免浮起，浸泡2～3h，幼虫便会漂浮死亡，浸泡后的瓶、袋沥干水即放回原处。

（2）生物防治措施

生物防治是利用有益生物或其代谢产物来防治食用菌病虫害的方法，其优点是对人、畜安全，不污染环境、没有残毒，它是实现无公害食用菌生产防治的关键技术。

以虫治虫：利用捕食性和寄生性天敌来防止食用菌害虫。前者如利用蜘蛛捕食菇蚊、菇蝇；利用捕食螨捕食菌螨。后者如利用姬蜂寄生菌蚊蛹、瘿蜂寄生菌蝇杀死害虫。

利用微生物及其代谢产物防治病虫害：利用抗生素防治病害，如防治细菌性病害可用链霉素、金霉素等，防治真菌性病害用农抗120、井冈霉素、多抗霉素等抗生素；防治螨类、菇蚊、菇蝇等害虫可选用苏云金杆菌、阿维菌素等生物制剂。

化学防治措施：对食用菌病虫害防治不提倡使用农药防治，在必须使用化学农药时，禁止在菇类生产过程中使用剧毒、高毒、高残留农药，应选用高效、低毒、低残留的药剂，并严格控制使用浓度和次数。且化学农药不易在出菇期使用，可在出菇前或采收后施药，并注意应少量、局部使用，防止扩大污染。

总之，对食用菌病虫害的防治必须遵循“预防为主、综合防治”的原则，综合运用各种防治方法，创造出不利于病虫发生的环境，减少各类病虫危害造成的损失，最终达到高产、优质、高效、无害的目的。

第五章　畜牧健康养殖

第一节　健康养殖的内涵与发展

一、畜牧健康养殖

（一）健康养殖理念提出的背景

自改革开放以来，我国畜牧业生产由饲养技术和经营管理方式落后、抗疫病及自然灾害风险能力差的状况向一个生产平稳发展、质量稳步提高、综合生产能力不断增强的新阶段迈进。畜牧业由数量型向质量效益型转变，养殖方式由粗放型向集约型转变，发展目标也由快速发展向持续健康发展转变。但同时，我国各地畜牧业的发展也陷入非良性循环，形势不容乐观，主要表现为：第一，规模集约化程度低，生产方式落后；第二，没有得到有效遏制的环境污染（如工业废水、废气、废渣污染，近海水域、淡水水域化学废弃物污染等）极大地威胁着人和动物的安全；第三，养殖场对防疫的重视程度加强，但缺乏科学的免疫程序；第四，抗生素、激素、消毒剂、添加剂和一些违禁药品滥用现象层出不穷，导致畜牧产品兽药残留和其他有毒有害物质超标，在国内外市场上频频受阻。在对过去养殖业发展经验教训进行总结反思和对新形势下养殖业发展客观规律深刻认识的基础上，健康养殖的科学理念由海水养殖界逐渐在生猪和家禽养殖行业中渗透、发展并得以完善。这一理念是科学的养殖技术发展到一定阶段的必然结果，也是养殖发展良性循环的有效措施。

（二）健康养殖的定义与内涵

健康养殖的理解有很多种。有人认为，健康养殖就是合理地管理可养殖的动物种类、饲料和养殖环境，使所养殖的动物能够健康地生长，并且生产出来的产品符合人类营养需要，长期食用对人体无害。也有人认为，健康养殖就是营造一个良好生态环境，提供充足的营养饲料给养殖对象，最大限度地减少养殖对象在生长期间发生疾病的概率，从而生产出健康、安全的畜牧产品。但不管如何理解，究其根本，都是以安全、优质、高效、无公害作为健康养殖的内涵，以养殖业可持续发展为目标的。

所谓健康养殖，是指在无污染的养殖环境下，采用科学先进和合理的养殖技术和手段，获得质量好、产量高的产品，且产品及环境均无污染，达到畜牧和自然的和谐，在经济上、社会上、生态上产生综合效益，并能保持稳定、持续发展的一种养殖方式。健康养殖的概念具有系统性、集成性和生态性的内涵。

健康养殖追求经济、生态、社会三大效益并重，即谋求生态效益与经济效益的统一、社会效益与经济效益的统一。打造健康的养殖业不是单一的一项或几项技术就能达到，也不是简单的几种药物或几种饲料就能起作用的，而是需要一个整体规划，一整套全面系统、合理科学的措施，需要将饲料与营养、病害控制、品种、养殖技术、培训及管理等环节与养殖环境紧密有机地结合才能完成的。因此，健康养殖是一个系统工程，也是一个“链条效应”，它包含以下七大方面的内涵：一是合理利用资源，即合理利用水、土地、畜牧种、饲料等资源；二是人为控制养殖条件，即通过人力将养殖生态环境尽可能地满足养殖对象的生长、发育、繁殖和生产需要；三是科学运用养殖模式，即运用科学的养殖模式，使养殖对象保持正常的活动和生理机能，建立自身强有力的免疫系统；四是适量投喂饲料，即根据养殖对象的生长特点，适时、适量地投喂能满足其营养需求的饲料；五是有效防止疾病，即在使用有效防疫手段使养殖对象依靠自身机能抵御病原入侵以及环境的突然变化的基础上，进一步做好大规模疾病发生的预防，最大可能地减少疾病对养殖对象的危害；六是规范兽药使用，即科学使用兽药，确保养殖产品无污染、无药物残留、优质安全；七是保护养殖环境，即在合理利用资源，人为控制养殖生态环境的同时，实行粪便及废弃物的无害化处理，不排放未经处理的养殖废弃物，保护自然生态环境。

二、我国健康养殖发展的方向

（一）进行绿色饲料添加剂的研制和开发

绿色畜牧饲料是指对动物和人类均安全的饲料，生产出的畜产品是安全的。饲料中添加酶制剂后，补充了动物体内自身源酶的不足，促进了饲料中营养成分的分解，进而加速了营养物质的吸收和利用。微生态制剂饲料添加剂简称生物添加剂，其成分包括菌体、蛋白质、氨基酸、维生素、微量元素以及促生长因子等，可以补充饲料营养成分的不足，提高饲料利用率，改善饲料口感，提高饲料适口性，促进动物正常发育和快速生长，还具有明显的防病效果。

（二）提高养殖粪便和废弃物处理技术

逐步发展工厂化养殖，采用高效节能技术，实现控制温度和光线，全部使用配合饲料，粪便和废弃物推行无害化处理，养殖粪便和废弃物指标要达到排放标准。

（三）加速健康养殖技术的研究

研究适宜于大面积推广的健康设施及其配套的粪便和废弃物再处理技术；研究适合于不同自然、环境条件和社会经济状况的可持续养殖模式及其配套技术；培育出能大规模生产的主要养殖品种的抗病、抗逆新品种；开发出适合大面积推广的无公害动物药品和疫苗；开发出适合于不同养殖条件下、不同养殖品种的系列优质饲料、饲料饮水投喂设备及投饲技术。

（四）积极推广、应用健康养殖技术

按照无公害畜产品质量标准和养殖技术规范，严格执行生产操作规程和质量控制措施，切实抓好无公害畜产品生产。

（五）建立和健全检疫系统和质量监控系统

加强畜牧疫病监控和测报工作及防疫检疫，在全国范围形成一个能适应大流通、大规模、集约化现代养殖特点的动物防疫检疫网络。建立和健全畜产品质量监控系统，主要包括法律保障体系、技术支撑体系、行政执法体系三大体系。

（六）加强宣传、执法，规范行业管理，形成良好的社会监督机制

鉴于我国畜牧业的生产现状，从业者的安全生产意识淡薄，不合格饲料、禁用动物药品等在生产中仍在使用，严重制约了我国畜牧养殖业的可持续健康发展。为此，必须加强宣传、执法，规范行业管理，形成良好的社会监督机制。加大宣传工作力度，逐步树立无公害畜产品质量安全意识；建立无规定疫病区和无公害畜产品生产示范区，全面推动无公害标准化生产；严格执法，全面建立和推进准入制度；加快制定无公害畜产品运输、加工、销售等方面的行业标准，推行无公害、绿色营销，真正实现畜产品从“产地到餐桌”的无害化。

三、生态养殖方式与健康养殖模式

（一）生态养殖方式

建设社会主义新农村，不仅需要畜牧业更快发展，而且要求畜牧业更好地发展。推广健康养殖方式，建设标准化的生态畜牧养殖小区，这既是建设环境友好型社会的需要，也是新农村建设的需要。针对目前国际和国内疫病、农药残留、动物福利这三大绿色贸易壁垒，需要积极推行生态型畜牧养殖，这绝不是回归到原始落后的庭院散养，是在现代饲养技术的基础上，采取更符合动物天性的健康饲养方式，使饲养动物拥有新鲜空气、更大的活动空间，不再追求产蛋多、长肉快的数量速度，转变增长方式，达到生态安全优质的要求，才能生产出绿色有机畜产品，从而提升中国农产品的国际竞争力。

建设生态型养殖小区。农村的脏、乱、差与农民的庭院养殖方式密切相关，生态型养殖小区可建设在村庄野外、临近耕地的田边地头，畜牧粪便就近移入农田，就地转化，变废为宝，实现种植业与养殖业的直接结合，对建设村容整洁、乡风文明的新农村有重要意义，应在优势产区推广普及。

推广生态养殖方式，需要抓三个方面。一是开展清洁养殖。就是按照“村容整洁”和“环境友好”的要求，加快村外标准化养殖场和养殖小区建设，尽快改变人畜杂居、畜牧散养、畜牧混养的旧习；同时，通过消毒、发酵、生产沼气和有机肥、复混肥等措施，加强对养殖场排放物的无害化、资源化处理。有条件的地方，也可推户“畜-沼-菜”“畜-沼-果”等生态养殖模式，大力改善农村人

居环境和动物卫生环境。二是加强动物防疫。近年来，高致病性禽流感等重大动物疫病增多，不仅严重影响畜牧业生产，而且对人特别是直接从事畜牧业生产的农民的身体健康构成威胁。因此，要把动物防疫，特别是人畜共患重大动物疫病的防控工作摆上更加重要的位置，纳入公共卫生体系建设之中，预防为主，依法防控，科学防控，群防群控，有效保护畜牧业和人民生命财产的安全。三是推进标准化生产。通过加强对饲料、兽药、种畜牧、饮水等畜牧业生产资料的质量监管和标准化畜牧业生产技术的推广，特别是加强饲养过程中科学投料、用药技术的推广，严格控制畜产品的有害物质残留量，为消费者提供优质卫生安全的畜牧产品，保护广大消费者的身体健康。

（二）健康养殖模式

养殖模式是影响养殖效果和环境生态效益的技术关键。养殖模式包括养殖品种选择、饲养密度、投入产出水平以及畜牧养殖和其他生产方式的结合等诸多方面。许多现行的动物养殖模式多从追求产量和经济效益出发，品种搭配不够合理，养殖生产方式单一，结果非但达不到所追求的高产高效，反而造成了自身养殖环境的恶化，影响了养殖产量和经济效益，同时还对自然环境产生了不良影响。可持续的健康养殖模式应当是品种选择合理，投入和产出水平适中，种植业、禽畜养殖业和加工业有机结合；通过养殖系统内部的废弃物的循环再利用，达到对各种资源的最佳利用，最大限度地减少养殖过程中废弃物的产生，在取得理想的养殖效果和经济效益的同时，达到最佳的环境生态效益，形成适合各种自然环境条件和社会文化、经济特点的健康养殖模式。

第二节　养殖档案的作用与建立

一、档案学理论

档案学原理是应用档案学各分支学科知识的高层次的理论概括。档案学史上的中外档案学家对档案及其价值曾作过深刻论述。“中国特色档案学理论”是以中华人民共和国为起点，总结了中国档案工作的实践经验，在中国档案工作实践上形成的理论，包括基础理论、应用理论、应用技术三个层面。档案学基础理论主要包括档案论。档案论是一个较宽泛的概念，包括档案的定义、来源、基本属性、价值等。

（一）档案定义及本质

档案是一个国家维护国家利益的工具，档案的定义隐含着不同社会背景下执政者的需要。档案的定义是档案论中最核心的概念，它一方面反映了一个国家对档案的认知，另一方面也揭示了档案的形成、来源、属性、价值与性质。从不同的角度来表述档案，目前国内外已有几百种档案的定义，但究其本质，可归纳为两大类：一类是从档案的形成转化过程、档案的实体存在形态等较具体、较直观的角度来描述档案这一概念的内涵和外延，被称为直观描述型定义；另一类是从档案对社会生活的根本性作用、价值等相对性角度来定义档案这一概念的内涵与外延，被称为抽象提示型定义。

我国档案的定义对档案与文件的关系作出了独具特色的诠释。中国档案学理论认为：档案是“现时使用完毕或办理完毕的文件”，“文件是档案的前身，档案是文件的归宿”；档案是“对日后实际工作和科学研究具有一定查考利用价值的文件”，但并非“只有永久保存价值的文件才是档案”；档案是“按照一定的规律集中保存起来的文件”，“归档与集中保存既是文件向档案转化的一般程序和条件，又是文件转化为档案的一般标志与界限”。文件的形式是多种多样的，文件是“国家机关、社会组织或个人在履行法定职责或处理事务中形成的各种形式的信息记录”。

（二）档案的作用及应用

档案的作用通常是指档案对人们所从事的社会实践活动的影响。档案自身所特有的作用也是档案生命力的根基，作为人类文明的伴生物，档案主要运用于行政、业务、文化、法律及教育方面，下面从档案在这几方面的应用来分析档案的作用。

档案是各级各类机构、社会组织行使职能、从事管理活动的真实记录，这些记录对于机构、地区乃至国家工作人员保持政策、体制、秩序以及工作方法的连续性、有效性都是无可替代、不能或缺的凭证，也为科学地进行决策提供了参考。无数的事实证明，档案是行政工作的工具之一，利用档案科学有效的制订计划和决策、提高工作效率和管理水平是发挥档案行政作用的具体表现。

社会生产力的发展在于各项业务的连续和继承。档案记载了各行各业的运营、发展的有关情况、成果、经验和教训，各项业务档案中过程翔实、数据精确、图形清晰，成为业务活动开展的信息支持和保障，在业务领域中发挥着重要的参考作用。

档案是历史文化的积累，也是历史文化传承的手段。档案与文化息息相关、密不可分，档案是人类社会绵延不绝的文化的重要载体形式，真实记载着国家历史、军事经济、风土人情、自然景观等。人们通过档案将文化有效地传承下来，通过保存、收藏、欣赏甚至再创造形成新的文化。

档案的形成决定了档案具有法律作用。档案是当时、当地、当事人在业务活动中形成的原始记录，真实性、可靠性强，是令人信服的真凭实据。因此档案在国际政治、经济、军事、外交的斗争中表现出突出的法律作用，同时在维护集体、个人的合法权益方面也表现出很强的法律作用。

展览是档案发挥教育作用最常用最有效的形式。利用档案举办展览、开展演讲报告等多项宣传教育活动，可以突破各种限制，尽可能地扩大受众面，让更多的人了解真相，接受历史教育。

二、畜牧养殖档案

（一）畜牧养殖档案的定义及作用

1.畜牧养殖档案的信息载体

畜牧养殖档案是畜牧业生产实践活动和生产管理中形成的原始记录。畜牧养殖档案反映着每一个生产环节的操作内容和结果，是每一个生产步骤对下一步生产负责的依据，也是分析评价畜产品的生产过程和产品的内在安全质量的重要证据。畜牧养殖档案与养殖记录、程序文件等是时间上的继承转化关系，畜牧档案是过去生产过程的记录，畜牧档案过去是养殖记录文件。

畜牧养殖档案包括程序、文件、生产记录等多种信息载体。在实验室认可的ISO/IEC准则中，又将记录分成两种：第一种是质量记录，包括内部审核、管理评审、纠正措施和预防措施、人员教育培训教育考核记录、评价采购活动记录、质量体系管理活动等记录；第二种被称为技术记录，原始观察记录、导出数据、开展跟踪审核的足够信息、校准记录、人员（签字）记录、已签发出的每份检测报告或校准证书的复制件等都归属于技术记录。因此，畜牧档案包括程序、文件、检测报告、生产记录等多种信息载体。

养殖档案是指养殖场对其养殖过程中的畜牧、饲料及其他投入品以及免疫情况等进行的记载，是畜牧养殖场应当承担的法定义务。它是对养殖场生产过程的真实记录，能够充分反映出养殖场产生出来的产品质量安全系数，是检疫工作的深化和前移。根据畜牧法的规定，养殖档案应载明以下内容：畜牧的品种、数量、繁殖记录、标识情况、来源和进出场日期；饲料、饲料添加剂、兽药等投入品的来源、名称、使用对象、时间和用量；检疫、免疫、消毒情况；畜牧发病、死亡和无害化处理情况；国务院畜牧兽医行政主管部门规定的其他内容。

2.畜牧养殖档案的作用

畜牧养殖档案是畜牧养殖实践活动与生产管理活动和事实的记录。真实、准确的畜牧档案记录着每一过程、每一环节，也同时准确描述了每一个结果，可作为指导养殖、管理养殖活动、进行质量追溯、纠偏的可靠证明和依据。通过查阅畜牧档案，可了解产品的质量状况；同时通过对畜牧档案科学的分析、归纳，也可以及时发现生产中存在的质量问题或质量隐患，及时完善生产技术，避免生产过程的重复操作，实现节约生产成本的目的。

畜牧养殖档案是企业管理生产的有力手段。程序文件是畜牧养殖档案的一部分，规范、科学地指导生产、控制质量，代表着一个企业产品质量管理水平。程序文件制定、贯彻、实施是一项要求企业全体人员共同参与的工作，在整个贯彻过程中，要求每一位职工认真学习质量程序文件与岗位职责，了解掌握各自的工作程序、承担的工作职责，彼此间分工合作、各尽其责。因此畜牧养殖档案是企业生产管理工作的一个重要组成部分，服务于畜牧养殖企业。

畜牧养殖档案是保证产品质量的必要手段。畜牧养殖档案不仅为企业生产经营、管理创造了明显的质量效益，而且使企业取得了可观的经济效益。认真查阅完整的资料和所保存的记录，对于发现潜在的问题，是非常有用的。及时、适用的措施能避免问题发生后或上市后发生的损失，节约了事故发生后所产生的生产成本。避免不该发生的损失也就是节约了生产成本，创造了收益。畜牧养殖档案是质量追溯的唯一凭证。养殖档案是追溯最终产品生产过程的唯一可以利用的参考资料。如果相关产品出现问题，重新审核档案是重现生产全过程的唯一途径。

3.畜牧档案的要求

第一，养殖记录必须真实、及时，有记录人签字。档案是社会生活中最真实可靠的原始记录，这是档案之所以重要、被人们重视并保存的根本原因。因此，养殖记录必须真实、可靠，记录要准时，不能预先估计真实情况，也不能依据记忆补上。记录都必须有记录人签字。现存记录要进行任何修改，修改都必须保留，并且修改时在旁边写上负责人姓名和修改原因。记录要有固定的格式。规范的格式有助于做好记录及档案管理。档案要定期审核，有审核人签字。记录是追溯最终产品生产过程唯一可利用的参考资料。在企业内审或相关机构审查时，企业的记录将作为审核最重要的资料，准确的记录给管理者提供了可靠依据。缺乏审核人签字的档案缺乏说服力，缺少严肃性。

第二，档案要进行科学的管理。妥善保存的记录可以提供充分的证据，这些资料证明了所生产产品的安全性。各原始记录部门必须全面收集本部门形成的档案。由于养殖档案涉及范围光、专业性强，因此应由专业技术人员或专门人员进行整理、归档。为确保归档文件的齐全、完整，便于日后利用，应由专业技术人员根据每份材料的重要性、价值大小、技术难度，按照生产的特点进行整理，形成系统、完整的档案以备后查。

（二）畜牧养殖场档案规程

规程，基本解释是对某种政策、制度等所做的分章分条的规定，如操作规程。新华字典对其的解释为规定的程序。规程，简单说就是“规则+流程”。所谓流程即为实现特定目标而采取的一系列前后相继的行动组合，也即多个活动组成的工作程序。规则是指工作的要求、规定、标准和制度等。因此规程可以被定义为将工作程序贯穿一定的标准、要求和规定。

根据我国的标准化管理条例，认为“标准化是组织现代化生产的重要手段，是科学管理的重要组成部分。在社会主义建设中推行标准化，是国家的一项重要技术经济政策。没有标准化，就没有专业化，就没有高质量、高速度”。对企业档案工作来说也是如此，一个企业档案种类越多，数量越大，利用的范围就越广，要想管理利用好这些档案，就必须有科学的、统一的标准，这样才便于利用现代化科技手段对档案加以管理。

企业在标准化进程中，要把有关的科技文件材料汇总起来，进行分析研究，参照国家和部门的有关规定，制定出具体的档案工作标准，包括四个方面的内容。

一是档案本身标准化：文件材料格式、规格的标准化；文件材料排列顺序标准化；文字书写标准化；图幅规格标准化；标题栏各项汇签齐全；线条、字迹符合制图标准；电子档案标准化等。企业档案标准化是提高工作质量和效率的根本保证，是档案工作标准化的基础，更是我们采用微机管理等现代技术，实现档案工作现代化的前提和基础。

二是企业档案整理的标准化。做到档案分类标准化；图纸文件材料排列标准化；档号编写标准化；档案著录标准化；案卷标题标准化等。保证案卷内部文件材料的有机联系和外部整齐美观，达到管理科学、利用方便，提高效率的目的。电子档案达到安全、可靠、便于检索查阅的目的。

三是档案分类排架的标准化。档案分类准确、排架合理，便于提档调档，方便利用。

四是企业档案服务标准化。就是采用系统化、程序化等现代方式，实现档案服务标准化。档案工作的标准化使档案工作的各个环节、各工作岗位、各个工序都有统一的标准，提高了档案的管理质量和服务质量。

畜牧养殖企业生产的产品关系到人们的“菜篮子”，关系到人民大众的生命健康，身体安全，关系到社会的稳定和安全。所以必须要求畜牧养殖企业建立相关的档案，制定档案管理的规程，以达到企业安全生产之目的。

畜牧养殖场档案规程就是对畜牧养殖企业生产出安全、健康、优质产品的生产活动所制定的一种管理的标准、要求和规定。这种管理规程就是对企业档案进行标准化管理，使企业生产标准化，达到某一国内或国际通用的和可行的标准。

（三）畜牧养殖档案的组成

畜牧养殖档案可分为四个部分：质量管理档案、养殖环境档案、过程记录档案、销售等其他档案。

1.质量管理档案是健康养殖的制度保障

畜牧养殖管理档案应由组织机构、质量管理制度、人员资质档案、人员培训档案四个方面组成。

组织机构是管理中的主体，养殖及管理的方案由其制订。管理是一种活动，首先通过授权形成一个明确的主客体关系（确定任务），主体通过对客体自身规律的研究并结合授权者的要求形成一个方案（目标、决策），主体根据这个方案按自己的意志控制并改变客体（实施），客体在自身规律的支配下进行活动（对抗），主体制定一个行为规范将客体的行为控制在一定的范围内（制度），通过一段时间的互动，主体对客体的行为规律有了进一步的了解，客体的行为与主体的意志逐步趋于一致（文化），从而使主体的目标得以实现。简要概括管理就是主体（人）通过客体（对象）来实现自己的目的的一种活动。

质量管理制度指的是养殖场要遵循的质量控制措施、健康养殖规程、标识制度等，即通过制度建设让员工既明确各自的职责，也了解具体操作，避免扯皮、推诿现象，使管理人员在养殖过程中有章可循。

培训是贯彻企业质量控制措施和规程最直接最有效的方法。通过培训，才能让企业各部门的员工清楚做什么、为什么做、谁做、怎么做、何时何地做。养殖企业必须有培训制度、课程安排以及培训记录。员工培训要求有三点内容：一是药品的安全使用；二是对动物的处理和养殖；三是具有对动物健康和福利进行识别的知识（包括对疾病和异常行为的识别）。养殖场应通过场内和场外的培训使其具备相当的专业技能。

“万事人为先”，员工素质是制度实施的保障。作为畜牧养殖场的员工首先要健康，其次要具有处理可能发生的对身体健康、食品安全、畜牧健康和畜牧动物福利造成伤害的紧急事故的处置能力。这些紧急事故处理程序应包括饲料和水供给不足的处理方法。不论是畜牧养殖场全职或是临时员工应有相关经验、资格和经过培训的证据。如果配备有自动化设备的养殖场，员工还应具备三点素质，一是能操作这些设备；二是对设备进行日常的保养和维护；三是识别普通的故障。

2.环境档案是健康养殖的基础

环境养殖档案包括场址、设施、设备三方面的内容。

畜牧养殖场选址要考虑到四个方面的问题：周围环境对牧场的影响、牧场对附近公共场所和居民区的污染、饲料等消耗品的运输便利、卫生防疫工作的开展，因此畜牧养殖场应建在地势平坦、干燥、背风向阳、排水良好、无有害气体、烟雾、灰尘及其他污染的地方；场地水源充足、水质良好；养殖场周围3公里内无大型化工厂、矿厂或其他畜牧污染源；1公里内无学校、公共场所、居民居住区；养殖场在交通干线附近，但距离交通干线又不少于0.5公里。

畜牧养殖场内合理规划生产区、生活区、生产管理区及粪污处理区，生产区主要指畜牧饲养设施及饲草料加工、存放设施，生活区指食堂、厨房、宿舍等区，生产管理区主要指办公室等，粪污处理区主要指粪便污水处理设施和畜牧尸体焚烧炉。要做到生产区和生活管理区相对隔离、畜牧养殖场内净道与污道分开；生产区在生活区主导风向的下风向、粪污处理区在生产区、生活区主导风向的下风向或侧风向处。换而言之，生活区畜牧养殖场内整体布局应便于防火和防疫。例如，牛场的规划布局：牛场的安全包括防疫、防火等，因此牧场建筑物布局要主要考虑以上因素。办公和生活区力求避开与饲养区在同一条线上，即生活区不在下风口，而应与饲养区错开，生活区还应在水流或排污沟的上游方向。例如，易引起火灾的堆草场，在布局上应位于牛场生产区的下风向，一旦发生火灾不会威胁牛舍；同时保持一定的距离，或有宽的排水沟渠，或有较高的围墙阻隔措施。

圈舍要根据畜牧产品的习性进行设计。不同的畜牧产品有不同的习性，对圈舍的要求也有差异。以养猪为例。猪的习性是不在吃睡的地方排粪尿，如果饲养密度过大，猪就不能在远离睡床的固定点进行排泄，其天生的排泄习性也会受到干扰。因此若生长肥育猪，在头均占有面积小于1平方米时，排泄行为就会变得混乱。另外，猪还有群居行为和争斗行为，如果养殖密度过大，每头猪所占空间太小时，群内咬斗次数和强度会随之增加。因此养殖企业要掌握养殖产品的行为特性，找准养殖产品的生产性能、获得最佳经济效益、满足动物福利三者的最佳平衡点，制定合理的饲养工艺，最大限度地创造适于养殖产品习性的环境条件。综合起来圈舍要满足以下三大要求：一是掌握产品的习性，控制养殖的密度。圈舍的空间要尽可能满足养殖产品的密度要求。饲养密度过大，既影响产品肉质，也会因通风不畅增加各种疾病发生和传染的概率；饲养密度过小会直接影响企业的经济效益。品种不同，生活习性不同，所要求圈舍的密度不同；同种品种不同生长期，密度要求也不同。二是保证良好的通风性能，要保持圈舍内畜牧适宜生活的温度和湿度。三是保持圈舍卫生、清洁。企业要定期对圈舍消毒，要通过交替使用各种消毒药品的方法来避免病原菌产生耐药性。圈舍地面要平坦、舒适、清洁、干燥。例如，牛、羊养殖场存在集中育肥的现象，一批育肥后的牲畜出栏后，畜舍必须得到彻底清扫，这样才能防止不同批牲畜之间交互传染。

3.养殖过程档案是健康养殖过程的原始记录

养殖过程档案包括养殖品种来源记录、饲料记录、兽药记录、无害化处理记录、销售及其他记录。

（1）引种及标识机制的要求

健康养殖要求畜牧养殖场建立质量追溯制度，如何保证产品质量可追溯，首先要建立识别机制，即对每个个体配带耳标以便标识。动物耳标就像人的身份证一样，是终生不变的，统一佩带在动物的左耳。畜牧常用的标识方法有打耳号，佩带塑料耳标，耳标上面记载着动物来自哪个省、市、县以及具体的养殖场代码，饲养者即养殖场名称或个体户姓名，检疫证号码等信息，这些基本信息在进入屠宰程序时就取消了。家禽一般采用批次识别码的方法进行标识。在数据库资料中，有畜牧从出生、孵化到畜牧养殖场的唯一的身份标识登记记录，家禽可以是批次识别码。建立识别机制，能识别出特定的、有要求的某一批次/栏畜牧，包括正在接受治疗的畜牧与休药期结束前的畜牧。

新出生畜牧，在出生后30d内加施畜牧标识。30d内离开饲养地的，在离开饲养地前加施畜牧标识。从国外引进畜牧，在畜牧到达目的地10d内加施畜牧标识。猪、牛、羊在左耳中部加施畜牧标识，需要再次加施畜牧标识的，在右耳中部加施。如果畜牧标识严重磨损、破损、脱落后，应当及时加施新的标识，并在养殖档案中记录新标识编码。

对于患病动物，要进行特殊的标识，以明确动物所用的药物名称和停用药的日期，避免休药期没有结束的动物及其产品被人类食用。对种用动物而言，耳标也是开展遗传育种工作必不可少的，可以有利于合理的选种选配，提高畜群的整体遗传潜力。对畜牧进行标识，也便于在动物离开原来饲养场后，发现有传染性疾病和其他遗传缺陷时进行追溯。

品种来源分自繁和引种两类。引种需要注意以下几个方面：引进的种用畜牧应来自国家批准的种畜牧养殖场。若是异地引进种用畜牧及其精液、胚胎，应先到当地动物防疫监督部门办理检疫审批手续并经检疫合格。生产者应保存关于种畜牧来源、品种、来源路径和用于人工授精的精液来源的书面记录，保存畜牧运输记录。记录至少能证实以下内容：出入畜牧养殖场的日期、数量、代码标记（耳号/号码/烙印号等）、出入畜牧养殖场的地址。种畜牧在调运时要进行运前检疫、运输检疫和目的地检疫的，可参照应用标准畜牧产地检疫规范对要运输的动物进行检疫。调出的种畜牧应于起运前15～30d内在原种畜牧场或隔离场进行检疫。调查了解该畜牧场近六个月内的疫情情况，若发现有一类传染病及炭疽、鼻疽、布鲁菌病、猪密螺旋体痢疾、绵羊梅迪/维斯那病、鸡新城疫等疫情时，停工调运易感畜牧。看调出畜牧的档案和预防接种记录，然后进行群体和个体检疫，并作详细记录。凡是不符合以上要求的，运输前要进行严格控制。

（2）安全饲料的要求

饲料是从事畜牧生产必不可少的条件，安全饲料是健康养殖的保障，因此养殖企业在饲料管理中要遵循“采购规范、配制科学、成份明确、储藏严格、记录健全”的原则。采购规范原则：必须采购符合标准要求的和（或）经过饲料产品认证的企业生产的饲料和工业副产品（草料除外）；饲料采购供应都应按照标准的采购程序进行，所有购买的饲料原料应能追溯到供应商；采购要有记录，记录包括采购发票（包括饲料的类型、数量、交付日期）、饲料原料记录以及饲料原料供应商的详细情况记录。这些记录越详细越便于饲料质量出现问题时进行查询。

配制科学原则：自配料的农场应具备相应的机器设备和具有相关资质的专业技术人员，技术条件不具备的企业进行饲料配制时应聘请专业人员进行技术指导和咨询；配制饲料应有饲料配方，以表明饲料中各成分的百分比含量。自制配合饲料不能直接添加兽药和其他禁用药品，允许添加的兽药应制成药物饲料添加剂并经过审批后方可添加；规范使用动物源性饲料等。动物源性饲料是畜牧饲料的重要来源，同时也是“疯牛病”的重要传播媒介，因此保障动物源性饲料的安全卫生，也是保障畜牧产品的安全，保障消费者的安全。养殖场购进时需要求生产商提供饲料蛋白原料源自被允许的动植物原料的声明并作为证据保存好，动物源性饲料不得应用于反刍动物；合理添加药物饲料添加剂，应将允许添加的兽药制成药物饲料添加剂并经审批后再添加。

饲料储存原则：制定预防措施，控制啮齿类动物和虫害，防止饲料被污染；加药和不加药的饲料，用于不同种类畜牧的特定饲料都要标识清晰、分开储藏，确保彼此间易于识别，无交叉污染；盛装饲料容器、箱柜和运输饲料的卡车要定期地清洗、消毒。

（3）兽药的要求

为了加强对畜牧防疫活动的管理，预防、控制和扑灭动物疫病，养殖场要开展强制免疫工作，做好免疫记录，存档备查。如果免疫失败应该及时进行补免。

药物的采购与饲料类似，要留有翔实的购买记录。养殖场要有专门储藏间，药物要严格遵循药物使用说明书的要求进行储存，所有药物应储藏在原有容器中，并附带原有的标签。过期药品与有效药品分开放置，过期药物要清晰地标识、分开处理。未经培训的人员或非专职人员不得随意进出药物储藏间。

对患病和受伤的畜牧先进行隔离，再由兽医进行诊断并出具处方。员工严格遵照兽医的要求使用药物，控制休药期。药物使用情况须记录，记录内容与实际情况应完全一致。

患病畜牧接受治疗时如出现断针，要及时进行处理。如果断针深入皮下或肌肉深层无法拨出时，此畜牧要进行标识，不得屠宰供人食用。在畜牧治疗过程中，兽医与员工的分工要明确、责任要清楚。

（4）无害化处理的内容

畜牧养殖场的无害化处理包括粪尿、病死畜牧、孵化废弃物及屠宰后产生的毛发、内脏、血等。处理或利用好畜牧废弃物，保护好养殖场内的环境及周边的人居环境，是我国畜牧业可持续发展的基础和保障。

养殖场废弃物存在有害的一面，但通过适当的加工处理，废弃物也可变废为宝，转化为可利用的农业生产资源，既可以提供优质肥料，也可提供能源。因此，养殖废弃物的处理应转向无公害化、资源化。

粪便是养殖场最主要的废弃物，妥善处理好粪便是解决养殖场环境保护的主要问题。处理和利用粪便主要通过高温堆肥、干燥处理或药物处理的方式，将粪便转化为用作植物生长的肥料；通过厌氧生物处理的方式生产出沼气。目前，在我国用沼气池来进行粪便无害化处理的沼气工程开展得相当普遍。通过水体食物链，使投入粪便的水体成为更良好的鱼生长环境。

在饲养过程中，不可避免地会出现病死的畜牧。一般说来，病死的畜牧处理起来主要有四种方法：①深坑掩埋。深坑掩埋要有密封措施，先建造用水泥板或砖块砌成的专用的深坑，用加压水泥板做成深坑盖，板上留出2个圆孔，套上PVC管，平时管口盖牢，用时通过管道向坑内扔死畜牧。这种方法可以避免环境污染。②焚烧处理，这是常用于处理患重大传染病的畜牧，此方法可避免地下水及土壤的污染，但常产生臭气，且成本较高。③饲料化处理。畜牧本身蛋白质含量高，营养成份丰富，在彻底杀灭病死畜牧的病原体后，对其再进行饲料化处理，便可获得优质蛋白质饲料。④堆肥处理，这种处理方式与粪便堆肥原理相似，是一种经济又有效的方法，即通过堆肥发酵处理，消灭病菌和寄生虫。这种方法不但对地下水和周围环境没有污染，而且经处理后转化形成的腐殖质还是一种很优质的有机肥。

禽类养殖企业存在孵化废弃物和屠宰加工后的羽毛处理和利用的问题。孵化废弃物一般是用高温消毒后进行干燥处理，然后制成粉状饲料再加以利用。羽毛处理一般采用高温高压水煮法、酶水解法、酸水解法或微生物法，将其变成可溶性的蛋白质加以利用。

4.销售等其他档案

销售记录表明畜牧产品的流向，同时也成为召回问题产品的依据。为了让消费者对产品的来源和产品质量有更多的了解，销售时应标明产品来源（来自畜牧养殖场）、是否经过质量方面的认证等内容。

畜牧养殖企业还应建立投诉处理记录，包括投诉原因的调查、改正及预防措施，处理投诉的方法等内容。

三、畜牧养殖档案内容

（一）质量管理档案

养殖场的简介：养殖场的经营方针和目标，畜牧养殖的实施计划。

组织机构图：建立完善的养殖场组织机构图，养殖档案管理部门要配备相应的岗位人员，明确岗位职责。

内部管理制度：养殖场的“全出全进制度”、内部检查员责任权限、内部检查的实施计划、发现问题的整改措施、记录管理制度及客户申投诉处理制度。

质量控制措施：针对一切影响产品质量安全的环节，制定科学合理、控制有效的措施。内容包括畜牧来源管理、产地环境管理、饮水质量管理、畜牧饲料管理、兽药管理、兽药使用和防疫措施、人员管理和人员培训制度、防止产品生产、运输、初加工和储藏过程中受到常规产品污染的措施。

养殖操作规程：制定书面的操作性强的生产技术操作规程，每一个相关人员都要熟悉并掌握。操作规程包括养殖基地选择规程、品种繁殖或引进规程、畜牧养殖场所卫生管理、消毒及粪便处理规程、日常饲养管理规程、饲料及饲料添加剂的来源、成分、制作方法及饲喂规程、病防治规程以及各种治疗药物的来源、成分、使用规程。畜牧运输方式及屠宰加工厂的接货检疫规程、不合格畜牧的处理规程、畜牧屠宰加工规程、屠宰后检验方法及不合格产品处理规程、品批次号的编制方法以及管理规程、产品包装和保管方法、屠宰加工厂卫生清理、消毒及废弃物的处理规程、不合格产品的处理规程、产品出库规程。

人员素质证明：包括员工受过相关培训的记录（例如，使用药物的员工必须有经过药物使用方面的知识培训记录）、证明员工掌握相关技能的交谈记录、各种证书和培训合格证等。

保证饲料和饮水随时供应的应急程序。

其他档案：如果是屠宰加工厂还需提供定点屠宰证、送宰合格证复印件及加工厂区平面图及设备位置图；如果通过其他认证机构认证的项目，提供证书或认证结果通知书。

（二）环境养殖档案

环境养殖档案即畜牧养殖场建筑整体布局的规划图。规划图明确标出生活区、生产管理区、生产区和粪污处理区；水质检测报告；同品种不同生长周期的饲养密度记录；圈舍的湿度、温度记录；圈舍清洁、消毒记录；油漆、防腐剂和消毒剂的资料清单；饲养密度的记录；畜牧圈舍卫生情况感官评估记录；畜牧是否会受设施的伤害感官评估记录；畜牧（包括幼畜）彼此之间是否可见感官评估记录；输水管线的铺设情况和水的供应情况感官评估记录；油漆、防腐剂、消毒剂和其他化学物质的储存记录。

（三）养殖过程档案

1.引种记录

引种运输记录，要注明引入畜牧来源，出入畜牧养殖场的日期、数量、代码标记（耳号、号码、烙印号等），畜牧养殖场的地址及相关保证和声明，有能追溯到畜牧出生/孵化的畜牧养殖场的追溯程序。

种畜牧要有运前检疫、运输检疫和目的地检疫证明。

畜牧运输记录，记录至少包括出入畜牧养殖场的地址。

转群记录。

如果是种畜牧养殖场，需保留养殖场的系谱、重畜、精液和胚胎来源的记录或养殖场孵化记录。

畜牧从出生、孵化到畜牧养殖场的唯一的身份标识登记记录。

2.饲料相关记录

饲料采购记录，需包含发票、饲料类型、数量、交付日期；饲料原料供应商的详细情况记录；饲料原料标签记录：说明饲料成分的标签或发票或说明书；若是动物源性饲料原料，必须附成分详细说明。生产商提供饲料蛋白原料源自被允许的动植物原料的声明；饲料配方记录：饲料配制人员的资质证明；药物饲料添加剂的添加记录；对加药饲料，应有药物残留处理程序；饲料系统定期清洁的程序；饲料存放记录：盛装饲料的容器和运输饲料的卡车及其记录；盛装饲料的容器、箱柜每年清洗消毒记录；预防啮齿类动物和虫害措施的记录；对饲料进行标识的记录：加药饲料的标识记录；必要时需要有饲料抽样检测报告。

3.兽药相关记录

免疫记录：疫苗种类、产地、有效期、批号、畜牧标识号码、日期、用量以及免疫失败的补救措施等；药物采购记录：购入日期、产品名称、有效成分及采购数量、供货商情况；兽药使用记录：兽医出具的处方、兽药名称、用药日期、用药量、服用药物的剂型、休药日期；治疗记录：接受治疗畜牧的耳标号、接受何种治疗、时间、是否有断针现象、治疗结果等；兽药存放记录；过期兽药处理记录；药瓶处理记录；针和尖锐的器具存放记录；淘汰时使用的处理技术的记录；员工执行卫生规范时的记录；如果配备仪器设备的养殖场，还应有仪器设备维护和管理办法。

4.诊疗记录

诊疗人员记录：填写做出诊断结果的单位，如某某动物疫病预防控制中心；执业兽医填写执业兽医的姓名；用药名称：填写使用药物的名称。用药方法：填写药物使用的具体方法，如口服、肌肉注射、静脉注射等。

5.防疫监测记录

监测项目记录，主要是有关具体的内容如布氏杆菌病监测、口蹄疫免疫抗体监测。

监测单位记录，主要是实施监测的单位名称，如某某动物疫病预防控制中心。企业自行监测的填写自检。企业委托社会检测机构监测的填写受委托机构的名称。

监测结果，即具体的监测结果，如阴性、阳性、抗体效价数等。

处理情况：填写针对监测结果对畜牧采取的处理方法。例如，针对结核病监测阳性牛的处理情况，可填写为对阳性牛全部予以扑杀。针对抗体效价低于正常保护水平，可填写为对畜牧进行重新免疫。

6.无害化处理相关记录

所有无害化处理方法的记录，包括无害化处理时间、无害化处理场所、无害化处理药名称、无害化方法等；

空的药物容器和其他医疗设备处理记录；

存放病死牲畜的房间或容器的清洗和消毒记录；

病死畜牧的处理记录，主要是病死畜牧无害化处理记录，包括病死畜牧无害化处理的日期，同批次处理的病死畜牧的数量，实施无害化处理的原因，如染疫、正常死亡、死因不明等，无害化处理方法，委托无害化处理场实施无害化处理的填写处理单位名称，本厂自行实施无害化处理的由实施无害化处理的人员签字等。

（四）销售等其他记录

畜牧离开饲养场之前的检疫记录（时间、畜牧名称、检疫方法及结果）；

畜牧屠宰记录：屠宰时间、畜牧名称、批次号、数量，适用于畜牧屠宰场；

产品入库、出库记录；

运输记录：运输工具消毒、畜牧运输、不合格产品处理等；

检测机构（计量认证、实验室认可、农业部认可或认监委认可）出具的当年度产品检测报告原件；

销售记录：销售时间、产品名称、耳标/免疫证编号、数量、重量、检疫证编号、销往单位或地点；

投诉处理记录：投诉时间、投诉内容、投诉人、投诉原因、改正及预防措施、处理投诉的方法。

第三节　畜牧业养殖要求

一、畜牧业清洁生产

（一）畜牧业清洁生产的内涵

畜牧业清洁生产包括清洁的生产过程和清洁的畜产品两个方面。在畜牧业生产过程中，尽量减少废弃物在终端的堆积，以符合清洁生产的要求。例如，畜牧场的粪尿处理采用勤清勤扫而不是自来水冲刷的清洁方式，不仅能减少氨的挥发和污水的排放，而且节约用水。清洁畜产品是指不含抗生素、农药残留等对人体有害、有毒的动物性食品。实践证明，传统粗放型的畜牧业增长方式和以末端控制处理为主的集约饲养方式，不符合清洁生产的范畴。畜牧业要保持全面、均衡、协调、稳定地发展，必须摒弃过去高投入、高消耗的粗放型生产方式，全面推广畜牧业清洁生产，以技术进步来提高经济效益，节约资源消耗。

（二）畜牧业清洁生产的目标

按照清洁生产目标的要求，提出了畜牧业清洁生产的目标：要科学规划和组织、协调畜牧业生产布局和工艺流程，优化生产环节，由单纯的末端污染控制转变为生产全过程的污染控制（如在生产过程中及时处理畜牧粪尿），交叉利用可再生资源和能源，减少单位经济产出的废物排放量，提高能源和资源使用效率，防止环境污染；通过资源的综合利用、短缺资源的替代、二次能源的利用及节能、降耗、节水，合理利用自然资源，减少资源消耗（如少用水冲刷畜舍等）；减少废料和污染物的生成和排放，促进产品的生产、消费过程与环境的相容，降低整个生产活动对人类和环境的风险（如对病死畜牧的科学处理、对粪尿的处理和合理使用等）；开发无害产品（绿色食品、无农药残留的畜产品等），替代或削弱对环境和人类有害产品的生产和消费。目前，我国畜牧业清洁生产不仅没有得到各级政府的高度重视，而且各主管部门也没有制定相应的清洁生产目标，更没有监督、监管等一系列实施标准。

（三）标准化生产综合示范区、示范农场、养殖小区

标准化生产综合示范区是指环境质量优良、区域范围明确、具有一定规模、组织管理完善、按标准化要求进行生产的农产品生产区域；包含无公害农产品生产基地、无公害农产品生产示范县、国家级农业标准化示范县、标准化养殖基地等。

示范农场是指在农垦系统建立的、按无公害农产品标准要求进行生产的农产品生产区域。

养殖小区是指畜牧养殖小区，即在适合畜牧养殖的地域内，按照集约化养殖要求建立的有一定规模、较为规范、严格管理的畜牧养殖基地。基地内养殖设施完备，技术规程及管理措施统一，粪污处理配套，只养一种畜牧，由多个养殖业主进行标准化养殖，从而获得良好的经济、生态和社会效益。目前，养殖小区的主要模式：龙头带动型养殖小区；大中型规模场相对集中的养殖小区；统一规划、集中人驻的养殖小区；养殖大户型养殖小区。

二、畜牧养殖用地要求

（一）国家对畜牧养殖的用地的规定

国家支持农村集体经济组织、农民和畜牧业合作经济组织建立畜牧养殖场、养殖小区，发展规模化、标准化养殖。乡（镇）土地利用总体规划应当根据本地实际情况安排畜牧养殖用地。农村集体经济组织、农民和畜牧业合作经济组织按照乡（镇）土地利用总体规划建立的畜牧养殖场、养殖小区用地按农业用地管理。畜牧养殖场、养殖小区用地使用权期限届满，需要恢复为原用途的，由畜牧养殖场、养殖小区土地使用权人负责恢复。

（二）畜牧养殖场、养殖小区应具备的条件

畜牧养殖场、养殖小区应当具备下列条件：有与其饲养规模相适应的生产场所和配套的生产设施；有为其服务的畜牧兽医技术人员；具备法律、行政法规和国务院畜牧兽医行政主管部门规定的防疫条件；有对畜牧粪便、废水和其他固体废弃物进行综合利用的沼气池等设施或者其他无害化处理设施；具备法律、行政法规规定的其他条件。

养殖场养殖小区兴办者应当将养殖场或养殖小区的名称、养殖地址、畜牧品种和养殖规模，向养殖场、养殖小区所在地县级人民政府畜牧兽医行政主管部门备案，取得畜牧标识代码。

（三）哪些区域禁止建立畜牧养殖场、养殖小区

禁止在下列区域内建设畜牧养殖场、养殖小区：生活饮用水的水源保护区，风景名胜区，自然保护区的核心区和缓冲区，城镇居民区，文化教育科学研究区等人口集中区域，法律、法规规定的其他禁养区域。

三、畜牧养殖要点

（一）畜牧法规定不得有哪些养殖行为

从事畜牧养殖，不得有下列行为：违反法律、行政法规的规定和国家技术规范的强制性要求使用饲料、饲料添加剂、兽药；使用未经高温处理的餐馆、食堂

的泔水饲喂家畜；在垃圾场或者使用垃圾场中的物质饲养畜牧；法律、行政法规和国务院畜牧兽医行政主管部门规定的危害人和畜牧健康的其他行为。

（二）畜牧养殖场、养殖小区如何进行污染物处理

畜牧养殖场、养殖小区应当保证畜牧粪便、废水及其他固体废弃物综合利用或者无害化处理设施的正常运转，保证污染物达标排放，防止污染环境。畜牧养殖场、养殖小区违法排放畜牧粪便、废水及其他固体废弃物，造成环境污染危害的，应当排除危害，并依法赔偿损失。国家支持畜牧养殖场、养殖小区建设畜牧粪便、废水及其他固体废弃物的综合利用设施。

（三）品种选育工作在解决动物健康养殖中的作用

种质是动物健康养殖的物质基础，是基本的生产资料，选育和推广动物良种养殖，可获得增产，提高品质。因此，在大力提倡科学养殖的同时，应积极开展良种引进、选育、自育、自繁和提纯复壮工作，为畜牧养殖打下坚实的基础。减少人工圈养条件下动物的疾病，基本上遵循着两条技术路线：让养殖环境条件满足动物的生理生态要求；培育和选择适应于高密度集约式养殖条件的养殖品种。因此，必须选育和改良适应于各种养殖方式的养殖品种，使养殖品种和养殖方式配套。具有较强的抗病害及抵御不良环境能力的养殖品种，不但能减少病害发生机会，降低养殖风险，增加养殖效益，同时也可避免大量用药对环境可能造成的危害以及对人类健康的影响，培育开发抗病、抗逆的养殖品种对养殖业的可持续发展有重大意义。

（四）养殖生产过程中的健康管理包括哪些方面

养殖生产过程中的健康管理包括养殖环境管理；加强对可能引起养殖动物应激反应的生态因子和自然因素的监控；合理的养殖密度是维持动物健康养殖的物质基础；加强养殖环境安全研究，提供科学的数据，是动物健康生态管理的基础。

第六章　兽医信息化管理与服务体系研究

第一节　我国基层兽医服务现状

一、兽医服务的内涵和属性研究

目前对兽医服务没有一个权威和正式的定义。欧美国家将兽医服务定义为全体兽医机构和组织开展的所有的兽医相关措施。通过分析得出，兽医服务是指兽医专业人员为保障或促进动物健康和动物源性食品安全而提供的技术服务。从挖掘内涵为切入点，按照服务实施主体将兽医服务划分为公共服务和市场化服务：兽医公共服务是政府以加强基础设施建设以及发展兽医执法、教育、科技等公共事业为基础，开展的强制免疫、监测、检疫及疫病控制等工作，其受益对象是全社会，具有公益性特点；兽医市场化服务是由社会组织或者个人开展的动物诊疗保健、美容以及常规免疫等以市场为导向、以赢利为目的的服务。

兽医服务具有公共品属性（公共品或劳务具有效用的不可分割性，即效用为整个社会成员共享；消费的非竞争性，即某个个体享用公共品不妨碍其他个体对公共品的享用；受益的非排他性，即无法通过拒绝付款将个体排除在公共品受益范围之外），同时，由于涉及诸多利益相关方，部分工作也具有准公共品与私人品的性质。疫病监测、无害化处理、村级防疫员的免疫工作能有效控制疫病传播，都会给社会带来正效用，使全社会受益，效用不可分割。对于纯粹公共品或劳务，应由政府公共财政提供，依靠市场机制会产生市场失灵（市场力量无法满足公共利益）；对于混合型公共品或劳务，由于兼有公共品与私人品特性，所以应采取市场提供，配合政府适当补贴。

二、基层兽医服务的需求研究

从国际层面上来看，兽医服务需求有以下几方面：风险评估、检疫监督、区域化管理、有效追踪来防控疫病传播；免疫接种、疫情监测、诊断治疗、扑杀清群、消毒及无害化处理等应对突发动物疫病和运用于重大动物疫病控制消灭；运输、屠宰、扑杀过程中的动物福利以及与兽医措施相关的环境保护。

当前我国基层兽医服务需求主要有以下几方面：防疫检疫，包括免疫、检疫、监测等；疾病诊疗，包括动物疾病的诊断、用药和治疗等；监督管理，包括对畜牧从养殖、屠宰、加工、流通、储藏到无害化处理的监督管理以及对饲料兽药生产经营行为的监督管理等；技术指导，包括养殖场建设、日常管理咨询、法律法规及政策宣传等；教育培训，包括基层兽医服务队伍能力提升以及生产者的技术培训等。

针对兽医服务需求，国内学者从需求量、需求内容角度进行了分析。吴晗根据我国庞大的生猪、家禽、牛、羊等饲养量和保守发病率测算出畜牧个体发病数合计达近11亿次、群体发病超过400万起，推断出保障动物源性食品安全所需的兽医服务需求巨大；从兽药生产企业数量判断出兽药生产经营环节的兽医服务有一定需求。翁崇鹏等对兽医服务需求内容进行了分类分析。对于食用动物，兽医服务工作贯穿了从农场到餐桌的整个过程，包括产前的场址选择、布局设计、人员配备、疫病防控和日常管理等，产中的免疫、抗体监测、疾病诊疗及兽药使用、无害化处理及质量安全等，产后进入市场流通前的动物或动物产品检疫。食用动物以外诸如宠物等其他动物，兽医服务需求一般存在于保健美容、疾病诊疗以及公共卫生安全等方面。

三、基层兽医服务供给主体与模式

当前兽医服务按提供主体不同可被划分为基层兽医公共服务和市场化兽医服务。

基层兽医公共服务主要以县级兽医主管部门通过政策法规制定落实和对动物防疫、检疫工作的指导监督来抓方向。县级动物卫生监督机构通过动物防疫、检疫与动物产品安全监管等执法工作营造良好市场氛围。县级动物疫病预防控制机构通过开展动物强制免疫（雇佣村级防疫员）、动物疫病防控计划方案以及动物疫情调查、监测、报告、协助疫情应急处置等进行兽医技术服务工作。乡镇兽医站点具体组织指导村级防疫员实施辖区畜牧的强制免疫、疫情巡查及报告、免疫监测和疫病采样等公益性服务。

兽医市场化服务包括官方兽医机构（一些县级疫控中心及乡镇兽医服务机构与公益性职能分开的经营性服务部分）、乡镇动物诊疗机构与乡村兽医为养殖户提供动物诊疗和兽药供给服务；饲料兽药生产经营企业为占领市场份额，以推介自身产品为主要目的的兽医防疫、诊疗技术培训和售后服务；龙头企业和专业合作组织通过利益联结机制，集合资源对企业加盟农户和合作社社员进行养殖全过程的兽医服务；新兴发展起来的兽医托管企业，与养殖场户商定指标，有兽医技术咨询、防疫托管、兽医诊疗服务托管等多种服务方式可供养殖场户选择；兽医科研机构和相关院校提供的高技术水平的动物新发或疑难疾病诊疗服务和兽医高级人才的技术顾问服务；规模养殖企业内设的兽医队伍，对本企业养殖畜牧开展诊疗等一般性兽医工作；还有部分养殖户自学成医，通过养殖过程中对动物疫病处置的经验积累掌握了一定的兽医技能，可满足日常防疫需求及对畜牧常见病的诊疗。

四、我国基层兽医服务供给主要问题分析

目前基层兽医服务供给情况是兽医公共服务初成体系，市场化服务正在兴起。

对于县乡村兽医公共服务，针对面广点多的基层需求，存在体制制约、公共财政投入不足与工作重心与实际需求存异的问题。体制制约体现在县乡兽医机构设立及其人财物权归属上，如兽医体制改革后兽医乡镇站人员精简，甚至兽医站不复存在，被进行种子、农机、畜牧兽医等服务的全面农业服务推广中心所替代，兽医推广服务遭到极大弱化，有的地区三权归乡，仅有的一两名兽医服务人员还要经常被拉去进行计划生育宣传等具有一票否决权的工作，使本来繁重的兽医服务更加缺乏专职人员来做。公共财政投入不足主要体现在设备购置不足、工作经费和实验室运转经费缺乏、最直接服务场户的村级防疫员补助低等方面，有些贫困地区甚至基层兽医基础设施建设也成问题，对乡镇兽医站点没有建设配套设施，影响工作正常开展和兽医公共服务人员的工作积极性。工作重心与实际需求存异主要体现在当前直接服务基层的乡镇兽医服务机构大部分精力基本都花在强制免疫的组织和实施上，而检疫监督与监管工作难做到不留死角，疫病监测流

调与预警工作更难以实时测报。强制免疫只是针对易感动物环节的防控措施，对于构成完整兽医公共服务链条的传染源头和传播途径的综合防疫技术推广、疫病诊断与监测、检疫监督以及发现疫病后的诊疗指导、应急处置、无害化处理等不能全面兼顾。

基层兽医市场化服务存在如下问题：基层兽医市场化服务主体发展缓慢、效益不高，主要是由于兽医政府机构承担了大量本应由市场提供的如免疫、抗体检测等服务，挤压了市场化服务主体成长空间。为大多数散养户提供服务的乡村兽医和兽医机构服务人员技术水平普遍较低，不能完全满足养殖场户需求。在市场规律驱动下，高服务质量主体向利润率高的地域和服务群体倾斜。科班出身或者经验丰富的执业兽医从业人员绝大多数涌向经济发达地区从事宠物诊疗。科研机构、相关院校、兽医托管企业、经验丰富的个体兽医等高水平兽医服务力量大多服务于规模化养殖场。基层兽医市场服务环境鱼龙混杂，市场秩序有待进一步规范。散养户虽然个体体量小且分散，但作为养殖业主体兽医服务需求总量大，而且由于散养户防疫意识差、基础条件差、防疫能力差导致的较高发病率，对于兽医服务的需求更为迫切，乡镇村小规模场户已经成为兽药饲料售后服务人员的兵家必争之地，而以推销产品为主要目的的兽医服务客观性堪忧。官方开办诊疗机构，养殖户就诊顾虑多。例如，县动物疫控中心拥有专职人员和设备，实行经营性收入收支两条线，可以开展部分动物疫病诊断，但由于在动物疾病诊断过程中发现重大动物疫病时按要求应该立即上报，由相应部门组织力量进行扑杀，在现有扑杀赔偿费用严重偏低情况下，绝大多数养殖户不愿意国家扑杀，发生相应的疾病时也不愿意到疫控中心进行诊断活动。而发挥中坚作用的农业科研院校，因地域限制，其服务辐射面有限，且存在监管盲区。很多农业科研院校是当地兽医服务方面技术支持的主要力量，养殖场在发生疫病或者制定防疫规划时都会邀请专家教授进行指导，但对中小养殖场来说有地域限制性少有跨省寻求此类资源。而且农业科研院校一般都是个别专家教授依托现有的实验室和技术力量，向社会提供部分服务，虽然技术力量相对雄厚，但不是专职机构，无收费许可，无动物诊疗许可，从业人员未进行注册，管理相对散乱。

第二节　兽医体系建设与信息化管理

近年来，在人工智能和5G等技术的应用下，兽医体系信息化建设崭露头角，“互联网+”已成为兽医行业建设的重要内容和载体，推动了畜牧兽医工作的稳步发展。

当前我国正处于全面建成小康社会的决胜阶段，乡村振兴、“三农”发展都离不开畜牧业。兽医体系信息化管理关系到畜牧业的健康发展，对食品安全和公共卫生安全具有重要意义。只有不断健全兽医信息化管理体制，采用现代高科技手段和信息化管理模式，勇于开拓创新，将畜牧、饲料、兽医数据进行有效对接，开展新知识、新技术的推广应用，推行兽医体系资源共享，才能推进畜牧业的可持续发展。

一、兽医体系建设中存在的问题

（一）机构设置不够健全

在全国兽医行政管理机构改制工作中，兽医体系基本上都归口农业农村部门，下级兽医部门对下级兽医部门负有指导职责，但改革后部分兽医机构被取消，在行政执法主体还未理顺的情况下，造成兽医执法、动物检疫等工作开展不到位，很大程度上影响了执法质量和效率。

（二）信息化水平和人才队伍建设有待加强

时代在发展，知识是资本，信息是载体，人才是核心。知识和信息资源匮乏、人才队伍的不平衡成为制约畜牧兽医行业发展的主要因素，特别在条件落后的县以下基层站所较为严重。在管理层面，队伍管理与人才引进机制不成熟，没有形成成熟的激励机制，员工的积极性、创造力受阻。在技术层面，官方兽医、执业兽医、村级防疫员等技术人员普遍存在文化程度低、专业水平不高等问题。

二、兽医体系信息化管理的意义

（一）有利于促进养殖业健康发展

一个运作良好、富有竞争力的养殖企业须有一套健全的管理体系，才能充分利用各种信息资源、先进的网络数控和人工智能管理技术，在融合兽医体系各项政策优势的同时，切实提高企业养殖经济效益和市场竞争力。兽医体系信息化管理能够进一步推动养殖业发展，降低养殖成本和风险，增强养殖企业的市场竞争力。

（二）有利于动物疫病防控

动物检疫的前提是动物免疫在有效范围内，反过来，动物检疫监督又促进动物防疫工作的开展，防疫工作保障动物健康养殖与生产。兽医体系信息化管理将畜牧、兽医资源进行有效对接，与国家家养动物平台、畜牧业统计监测平台、屠宰行业监管系统、兽医实验室信息系统进行信息资源耦合，实时掌握和监测动物的健康状况，有利于防控动物疫病。

（三）有利于保障畜产品质量安全

健全的兽医体系有利于保障畜产品质量安全，利用现代网络与信息资源可实现动物产品共享，实现对畜牧运输、诊疗、检测、屠宰等领域的动态跟踪监管，进一步建立健全畜产品质量安全保障体系，统筹构建更加合理的产业结构，有效阻止劣质或不合格产品流入市场，实现畜牧养殖、屠宰、销售与质检全程追溯，确保畜产品质量安全，这也是维护公共卫生安全的重要举措。

三、兽医服务体系建设要素

兽医工作担负着公益性服务的职能，对畜牧业持续健康发展，对预防、控制和扑灭重大动物疫病，实施动物和动物产品检疫，保障人民群众的身体健康，提高动物产品质量安全和国际竞争力，实现党的“四化同步”和城乡一体化建设等方而都起着十分重要的作用。“上面千条线，下面一根针”的状况困扰着我国基层畜牧兽医体系建设，个别地区仍存在的体制不顺、机构不全、职责不清、素质不高、经费不保等问题，也影响兽医工作协调发展。在新形势下，需要我们从宏观思维的角度，进一步强化大局意识、责任意识、机遇意识和开拓意识，把健全兽医工作体系作为主线，强化兽医工作能力作为重点，把改革和科技进步作为动力。从兽医服务体系的体制机制、法制建设和信息化建设等方面着手，深入开展重大问题的调研。从经济社会全局去研究和思考兽医服务体系在适应新形势下“三农”工作发展的新要求。

（一）构建改革的整体思路

以科学发展观为指导思想，坚持“预防为主”的方针，确保“两个千方百计，两个努力确保”的目标任务。按照政府全面履行经济调节、市场监管、社会管理、公共服务职能的要求，以适应社会主义市场经济变化，适应生产体制和规模的变化为条件，完善兽医服务体系；提高动物卫生监管执法水平，提高动物疫病防控，维护动物源性食品安全和公共卫生安全的能力，促进养殖业稳定发展和农民增收，确保人民群众的身体健康和财产安全；稳定和强化基层动物防疫体系，提高兽医管理机构依法行政的能力和水平，促进我国动物卫生工作全面发展。

（二）构建兽医社会化服务的新机制

立足实际，充分发挥综合优势，构建以公共服务机构为依托、合作经济组织为基础、龙头企业为骨干，公益性服务和经营性服务相结合的新型农业社会化服务体系模式。发展方向是主体多元化、服务专业化、运行市场化。强化兽医公益性服务机构建设，完善服务的内容，发挥其主导性作用；引导经营性组织参与公益性服务，大力开展技术推广，统防统治，信息提供等服务，着力于创新服务的方式和手段，积极构建区域性兽医社会化服务综合平台，开展兽医社会化服务示范点的创建。例如，形成龙头企业和专业合作社和养殖户集于生产、加工、销售、服务于一体的产业化模式的局面，以兽医站专业技术服务为指导，根据职能提供驻场兽医服务、下乡兽医服务、防疫兽医服务和实验室兽医服务。经营单位在市场化竞争的推动下，饲料、兽药生产经营单位不但要向养殖单位提供产品，还要向养殖单位提供一定的兽医服务。动物治疗机构严格按照标准和规范要具备一定的生物安全条件和执业兽医师资格。

（三）提升兽医队伍专业技能和业务水平

为适应公益性服务的需要，注重人才队伍建设，采取公开招聘方式，优化队伍知识、年龄、专业结构，提升服务能力；狠抓教育培训，以优化服务为主线，以群众满意为标准，提升兽医队伍专业技能和综合业务水平；在人才使用上坚持“不求所有，但求所用”的原则，实现多层面、多渠道、多形式引进人才和智力的标准；根据新形势新任务加强交流，采取“送出去，请进来和传帮带”等方式，提高专业人员业务水平；根据需要，在上级主管部门的支持下，举办相应的培训班，鼓励在职人员参加在职教育、远程教育等形式，夯实兽医队伍力量；建立健全工作岗位职责、工作行为规范、工作过错责任追究、工作目标考评等制度；加大专业技能在各类绩效考评办法的权重，坚持业务考核与综合考核相结合，考核结果客观、公正、透明，直接与工资、岗位聘用、晋级评先等挂钩，改进奖励办法，加大奖励力度，不断提升兽医队伍专业技能和业务水平。

（四）政策支持，建立有效的财政保障运行机制

中央财政制定县级基本财力保障范围和保障标准。保障范围主要包括人员经费、公用经费、民生支出以及其他必要支出等。综合考虑各地区财力状况后分县测算。中央财政根据相关政策和因素变化情况，适时调整和核定县级基本财力保障范围和标准。增加兽医行政、执法监督和技术支持机构所需经费，实现“收支两条线”，切实保证基层一线人员工资待遇。制定符合兽医公共行业特点的薪酬制度和绩效考核制度，调高绩效工资总额和奖励性绩效工资的比例，用于兽医机构良性发展。

（五）重视推广普及和新技术应用，加强示范引导

制订实施方案，专人负责组织实施、加强项目管理、绩效考核、上传下达、信息报送、对外宣传等工作；强化公益性职能，市场化经营的要求，利用电子信息等媒介，组织人员宣传贯彻落实党和政府有关发展畜牧业的方针政策；承担法律法规授权的动物防疫执法工作；负责开展动物疫情监测、报告；负责开展动物防疫、检疫、监督监管工作；组织开展畜牧业生产的质量安全监测和动物药品质量安全监督，养殖场生物安全等工作；开展兽医实用技术培训、咨询与普及

推广培训；加大科技示范场的培育力度，由兽医技术骨干对科技示范场和示范基地进行技术指导，确保项目顺利实施；通过项目实施健全管理体制，完善工作机制，提升队伍能力，提高服务水平。

（六）完善兽医法律体系建设

适应新形势的发展，加强兽医法律理论的研究和修订；建立适应我国兽医事业发展需要的兽医法律体系框架；根据国际国内经济、贸易情况，修改和完善有关检疫的技术规程和标准，与国际接轨；不断充实完善兽医工作的政策法规，提高社会管理、法制化、社会化和科学化水平；完善执法监督制度，公正执法；加大法律宣传，既能提高人民群众守法意识，又能保护生态环境。

（七）加强基层基础设施建设

进一步完善畜牧兽医基础设施建设，增强技术服务、疫病监测和诊断能力。改善基层兽医站所办公、实验、生活条件，配备必要的办公、动物疫病诊疗等仪器设备和交通工具，优化兽医站的工作环境和办公条件。

（八）完善和普及兽医系统信息化体系建设

实施信息化管理是提升我国畜牧业参与国际竞争的关键。加快信息网络和技术平台的建设，建立上至农业部，下至乡镇的信息和技术网络体系，实现资源共享；拓展兽医系统电子政务信息系统的应用和监管。建立畜牧兽医行业数据库，包括养殖场、畜禽企业、兽药企业、屠宰场检疫员、管理系统等相应信息的汇总统计。

四、兽医体系信息化管理的措施与建议

（一）建立健全保障机制

在兽医体系政策法规方面，要广泛征求意见，不断完善和修订兽医法律法规，从而规范兽医人员的行业准入；要加大宣传力度，并出台相应文件，进一步细化和完善对兽医法规的解读，同时建立健全奖惩机制，调动广大兽医的积极性。在机构保障方面，将高等院校、科研院所与兽医管理部门、兽医实验室结合

起来，建立健全各级兽医技术支持体系；加强对动物诊疗、兽药生产或经营场所、兽医医院、保健院等经营性兽医机构的管理，确保基层兽医机构的稳定。

（二）推动行业信息化发展

随着高科技的发展，养殖过程中的饲料加工、精准饲喂、红外监控、自动清粪等智能管控措施将进一步普及，牧场无人值守、人工智能、自动化设备及机器人等新科技投入在兽医行业领域将越来越广泛，信息化管理要有效整合优势资源，通过采用动物电子标签、射频识别、云计算、大数据、区块链等技术，为养殖企业带来高效便捷的服务，有效降低饲养管理成本，提高养殖生产效率和养殖企业的市场竞争力。

（三）严把动物防疫质量关口

动物防检疫的重点在基层，村级防疫员是动物免疫的主力军。应进一步建立健全动物标识及动物产品追溯系统，搭建动物防疫检疫一体化管理和网络信息平台，实现对所饲养动物防疫情况的全面掌握，与监测平台、屠宰行业监管系统、兽医实验室信息系统进行信息资源耦合。应用大数据信息技术手段实现申报、检疫、监督和标识的电子化管理，强化兽医行政运转效能。同时，进一步规范和简化动物检疫程序，实现省、市、县和乡级间信息资源共享。发展基于RFID天线系统感知技术的电子耳标，形成升级版的电子标签、读卡器、天线和应用系统。建立资源信息数据库，以养殖场（户）为原始单元，通过电脑或手机App“移动端口”等设备，按照属地管理将其基本信息录入数据库，收集记录动物品种、类别、健康状况以及出栏等信息。对畜牧运输车辆进行备案和登记，通过GPS跟踪系统或北斗卫星导航系统实时查看运输车辆运行轨迹，实现对运输车辆和动物的动态跟踪监管。加强对动物的落地监管与定点屠宰。对进入二次饲养环节的动物，及时更新记录，继续进行养殖监管；对进入屠宰环节的动物，做好宰前查验和登记，实现肉类产品养殖、屠宰、销售与质检全程追溯。以区块链技术为支撑，建立信息资源智能风险评估体系，实现对动物分布、发病情况、产品消费的宏观掌控，为相关部门提供决策依据。应用地理信息系统。借助大数据统计分析功能，对畜种类别分布、畜牧生产、疫情预警进行掌控和评估，分析和挖掘各类数据的相关性，实现信息资源共享，不断提高网络舆情的研判能力。

（四）促进畜牧屠宰规范发展

屠宰企业主要承担畜牧的定点屠宰，把控畜产品检验和质量安全关口。加强对屠宰企业的监管力度，建立畜产品质量安全保障体系，统筹构建更加合理的产业结构，细化管理措施，实行规范化的管理模式。加强对肉品市场的监管，形成农业农村、市场监督、商务等政府职能部门联动机制，强化行政执法监管力度，理顺肉食品市场秩序，严厉打击私屠乱宰现象。建立激励机制，建立定点屠宰奖补和病死畜无害化处理补贴标准，真正调动屠宰企业的积极性。

（五）强化兽医实验室协作机制

兽医实验室能完成实验室数据和信息的采集、收集、分析和报告，为兽医管理者提供决策依据。近年来，县级兽医实验室基本都配备了主要仪器设备，能够满足疫病血清监测、抗体检测等工作需要。但应进一步做好设备校准与核查，严格按照实验室各项工作制度、仪器操作规程等相关要求，健全各类实验记录和日志，完善各类档案记录与信息资源留存。

（六）强化人才队伍建设力度

兽医信息化管理不仅需要政策引导，计算机等硬件设备和互联网系统、应用软件的支撑，更需要一批研发型和管理型专业人才。针对基层人员专业知识欠缺、年龄老化等现状，应通过专题培训会、以会代培、继续教育、外出交流等方式，使基层人员了解电子信息知识和动物防疫、检疫相关工作，不断更新知识，学习新技能。同时，鼓励各地成立兽医协会，促进兽医技术交流和科技成果共享，探讨工作中的实际困难及普遍问题，进一步扩大兽医行业技术服务的影响力。

第三节　兽医服务体系的发展建议

伴随我国城镇化的不断推进、养殖产业化的迅速发展，基层兽医服务领域和内容都发生了深刻变化，政府大包大揽的兽医服务体系已不能适应兽医工作新常态，构建基层兽医公共服务与市场化服务相结合的基层兽医服务体系是当前的重要课题。

一、进一步加强基层兽医公共服务体系建设

（一）完善兽医法律体系

结合中国国情与兽医工作实际，借鉴发达国家立法经验，建立与国际接轨的涵盖全面兽医工作的法律法规体系，使基层兽医机构、人员和兽医工作的管理都有法可依。建立法律法规体系，内容全面，覆盖官方兽医机构、科研机构、兽医协会的组织与职能，诊疗服务机构、兽医认证学院的准入与管理；官方兽医、执业兽医、乡村兽医以及各种兽医相关行业从业人员的准入与管理；动物疫病防控、动物及动物产品检验检疫、屠宰检疫监督、兽药饲料等投入品管理；动物福利保护、兽医教育等事务管理规定与相关各方主体的责权利等；要明确具体、可操作性强，法律配套地方性法规、技术规范标准和司法解释，广泛征求各方意见、调和利益诉求、扫清执行层面障碍，及时修订更新，以适应不断发展变化的兽医工作情况。

（二）改善机制

1.继续加强基层乡镇兽医机构改革

强化兽医公共服务体系，抓兽医体制机制建设是根本；要密切结合当地工作实际需要核定乡镇兽医站编制，破除乡镇防疫工作的人员编制瓶颈，对编制内公益性工作人员实行财政全额供养，保证工作基础。

2.强化乡镇站公益职能

乡镇站应坚持经营性服务与公益性职能分开的原则，不断强化乡镇站动物防疫、检疫和公益性技术推广服务职能。继续推进承接政府服务的新型兽医服务主体建设，推广政府购买强制免疫、协助产地检疫等公共服务机制，使乡镇站工作重心转移到上传镇村防控情况与下达政策精神、扶持兽医公共服务承包主体、加强兽医技术推广和培训等。将防疫员兽药饲料销售等经营性活动剥离出乡镇站，转移至兽医公服承接主体，解决村级防疫员销售兽药的合法性问题，继续发挥其帮扶村级防疫员创收作用。

3.强化监管

县级兽医行政机构应加大市场监管力度，严厉打击不法行为，创造良好兽医服务市场环境，促进市场化兽医服务体系健康发展。一是规范服务主体诊疗等兽医服务行为，严厉打击游医药贩和制售假冒伪劣兽药者，防止无行医资格主体扰乱兽医服务市场；二是与时俱进开辟监管新战场，扫除监管盲点，如监督兽医托管企业提供的包干兽药和用药程序是否合格规范，采用网络和手机客户端等平台进行诊疗、售药的主体是否有处方资质，兽药经营是否合规等。

（三）健全财政保障机制，加大资金投入

1.加大对新型基层兽医服务模式的财政扶持

就当前我国依旧以散养为主的养殖现状和疫病防控形势，村级防疫员仍旧会在今后一定时期内发挥重要作用，要以钱养事保住这支基层防疫队伍。应对新型基层兽医服务模式进行重点项目和资金扶持，促进基层兽医免疫服务主体由政府向社会团体机构转变。政府应建立购买服务的财政保障长效机制，进一步改善基层兽医服务人员从业条件，配备服务硬件和基础设施，保障基本收入。对村级防疫员以“授人以鱼”转向“授人以渔”，加大培训力度促其兽医诊疗能力和营销、管理能力的综合提升。

2.中央与地方科学设定资金投入比例

无论是对比发达国家的兽医工作财政投入，还是从我国基层兽医财政资金紧张的现实情况来看，现今我国基层兽医事业公共财政投入总量仍然跟不上畜牧业的快速发展和日益复杂的疫病防控需求，加之农村税费改革后贫困县区资金配套不足，使防疫等各项兽医经费更加捉襟见肘。各级政府应加大资金投入力度，建

立模型因地制宜，科学设定中央、省、地市资金投入比例，专款专用，严禁挪作他用。

3.发挥防疫链条协同作用

随着防疫工作系统性推进，应逐步调整财政资金结构，增加疫情监测、监督执法、信息化追溯体系、扑杀和无害化处理等环节资金投入，促进发挥防疫链条综合措施的协同作用。

4.充分发挥社会资金力量

政府财政资金加大投入的同时，应明晰社会主体的相关责任义务，积极调动市场各方投资积极性。伴随畜牧产业发展、兽医技术和服务水平提升，社会资本流入兽医服务行业的意愿加强。政府应进一步增强养殖企业主体责任意识，鼓励商业保险、金融信贷与兽医服务产业协同发展，积极探索兽医防控经费分摊机制，充分调动行业协会和非营利组织沟通政府与利益相关方的桥梁作用，逐步建立政府、企业与社会等多方投入机制。

（四）加强基层防疫服务综合能力

政府兽医公共服务应着眼疫病防控长远发展，在建立完善科学的防控工作链条基础上，因地制宜、与时俱进确立兽医服务工作重心。当前我国正处于疫情控制平稳的过渡时期，应摒弃“一针定天下”的防疫思想，研究强制免疫退出机制，注重培育处于起步阶段的市场化主体兽医服务能力，着重强化防疫条件管理、疫病监测、检疫监督执法、外来疫病防控等环节，科学设定扑杀补偿机制，强化完整的防控体系建设，为未来防控策略的有力实施打下坚实基础；不断完善工作评价体系，运用防控策略实施效果评估机制，根据评估结果和防疫形式变化情况，适时调整防控措施，提高兽医公共服务质量。

二、促进基层兽医市场化服务体系健康发展

兽医市场化服务是满足广大养殖者个性化兽医服务需求的主体力量，同时兼具公共属性，对于动物疫病防控和公共卫生安全发挥着重要作用。目前我国基层兽医市场化服务地域差距大、水平参差不齐，作为兽医服务体系中的重要环节，需要政府培育多层次服务主体，使市场服务体系日趋完善。

（一）引导建立承接公共兽医服务的市场化基层兽医服务主体

通过建立各种防疫员组织机构，为防疫员提供了应有的社会福利待遇，同时政府通过大力引导防疫员开展市场化兽医服务，有效提升了基层防疫员收入，稳定了基层防疫队伍，促进了防疫队伍新鲜血液的补充。政府向机构购买服务机制，明确了防疫员社会兽医服务供给主体身份，有利于防疫主体责任逐步从政府回归到养殖者。政府通过严格考核，强化防疫员责任意识和绩效管理，提高了基层防疫服务水平，保证了动物疫病防控质量，大大提高了防疫员组织化程度，降低了乡镇兽医部门的管理成本，有助于公共服务资源优化配置。各地政府应科学界定兽医公共服务和市场化服务范围，积极扶持市场化服务主体发展，做好管理监督和服务工作，实现政府职能转变。

1.因地制宜选择服务主体组织形式

各组织形式都是基于当地养殖规模总量、集约化程度、财政支持水平、兽医服务水平和队伍素质等做出的有益探索，对于广大基层县乡的模式选择有重要借鉴和参考价值，各地可结合当地实际选择恰当的组织形式。

对于养殖规模小、疫病防控风险低、政府扶持和掌控能力大的地区，针对几人组成的乡镇防疫员队伍，可选择个人独资或合伙企业性质的乡镇兽医服务站，开办流程简单，按当地实际设计好日常管理、考核评价和奖惩机制，可实现良好运转。

在养殖量较大、以散养为主的地区，专业防疫合作社是最有群众基础的组织模式，可设县总社和各乡镇分社进行统一管理。合作社由于其维护社员利益的天然属性，能较好地保障防疫员权益；能有效发挥集体经济优势，使社员各自发挥所长，兼顾效率与公平；顺应农村深化改革要求，容易获得更多政策支持，发展空间广阔。

面对防疫员队伍出现断档的地区，若有较好专职兽医队伍基础，可将社会专职兽医纳入公益服务队伍，将兽医服务“专人专职”，整合兽医人才资源。可以与动物诊疗机构、执业兽医等直接确定劳务雇佣关系，鼓励兴办实体机构统一组织管理。民办非企业从事非营利性社会服务，作为有效组织形式，能保证其履行公益职能的公正立场，减少运营纠纷，利于打造机构公信力，容易获得财政支持，组织形式值得借鉴。

在畜牧产业集约化水平较高、兽医服务市场需求密集和基层兽医队伍素质较高的地区，防疫公司以其适应市场的灵活性和有力促进发展的高分配效率等优势，充分发挥执业兽医骨干的领军力量，带动基层防疫员队伍实现能力转型升级，有效满足养殖场户对疫病诊断、检测及治疗的综合兽医服务需求。

2.加大政策扶持，推动能力提升

积极创造条件，鼓励和扶持新型兽医服务组织快速成长。提高村级防疫员组织化程度、搞活兽医服务经营方式、告别乡村兽医的单打独斗状况，支持有执业兽医资格的兽医兴办兽医技术服务合作社或兽医技术服务公司，实现能人带头、自我管理、市场激励、转型升级的基层兽医服务组织发展目标。政策吸引兽医专业人才，扩充村级防疫员队伍。制定优惠政策，提高防疫员补贴等政府购买公共服务的补贴标准，吸引年轻专业技术人员尤其是大中专毕业生加入防疫员队伍，妥善解决队伍老龄化和专业化水平低等问题。中央与地方政府应合理界定责任、层层分摊资金，保障政府购买服务经费，建立逐年增长机制，保障防疫员基本收入。对于举办场所、基础设施设备等方面予以扶持。承接兽医公服的机构多由原村级防疫员、乡村兽医组成，兽医技术培训内容须理论与操作实践相结合，切实提高其兽医服务技能，增强其技术辐射能力。增加管理和经营能力培训，进一步提高机构自我管理和运营能力。

（二）积极培育其他兽医市场化服务主体

完全在市场作用下的兽医服务主体是行业发展的主要推动力，是洞察广大养殖者需求、推动新型兽医服务模式发展的主要力量。为加速兽医职业化发展，提高我国整体兽医服务水平，应积极发展此类服务主体，推进我国兽医市场化服务体系建设。

1.助推基层传统兽医诊疗主体转型

传统县乡兽医诊疗主体长期以来发展缓慢，经历着技术和模式的转型期。技术上，针对基层养殖场户当前最需要的免疫抗体检测、实验室诊断与疫病治疗等庞大需求，兽医专业技术服务的价值正日益凸显，随着养殖集约化发展，以技术服务取酬是未来趋势；模式上，大型诊疗机构雇佣高水平执业兽医，推动服务于规模场的兽医托管等全方位、专业化服务模式发展，中小型兽医诊所也积极开拓防疫诊疗环节中的模块兽医服务。政府应在税收、项目配套、金融等方面给予优惠和支持，促其发展转型，发挥促防控、稳疫情的重要作用。

2.鼓励创立新型兽医服务模式和实体

可以看出，畜牧兽医产业链中的各方力量正在通过加强产前、产中、产后兽医服务，延伸产业链条，以强化市场竞争力，谋求长远发展。针对养殖场户急需的医疗技术，饲料和兽药企业以互联网新媒体等运作方式升级传统售后服务模式，新兴兽医专业服务公司也正处于事业发展期，拓展连接规模养殖主体与保险金融机构的兽医专业评估和全程科学化疫病防控服务。政府应鼓励新型兽医服务模式和实体创建，营造政策宽松、监管严格的健康发展环境，让其充分发挥互联网科技和模式创新对于畜牧兽医产业的带动作用，提供给广大养殖场户切实有效的服务。

3.充分发挥协会等非营利机构对基层兽医服务主体的服务管理作用

进一步加强协会等非营利机构的行业服务能力，发挥其连接政府机构与市场主体的纽带作用。通过在兽医相关各方主体之间建立良好的协调沟通和项目合作机制，发挥深化政府宏观调控、降低企业成本、实现行业自律的重要作用。

第七章　我国重大动物的疫情管理

第一节　我国动物疫病防控现状及动物疫病风险分析

一、我国动物疫病流行现状

（一）病原种类不断增多，动物发病率居高不下

外来动物疫病不断传入；新的动物疫病时有发生；部分原有动物疫病在不同动物之间互助传播；当前依然存在大量流行广泛、危害严重的动物疫病。

（二）重大动物疫病防控形势严峻，防控难度加大

病原污染面广，临床表现呈现非典型化，即传统疫病在疫病流行、临床症状和病理等方面，出现临床症状不明显的流行态势；当前动物疫病发病形式以混合感染为主，普遍存在多种病原混合感染情祝，免疫抑制病危害加重；疫病病原变异加快，无形中加大了疫病防控工作难度。

（三）人兽共患病持续危害公共卫生危害

由于我国相对落后的畜牧养殖模式造成人与动物接触密切的机会大大增加；动物及动物产品流通范围不断扩大，流通频率不断加快；由于人类居住和生活范围的不断扩大，使野生动物与人类的距离不断缩小；伴侣动物的饲养量不断增加。

（四）细菌性疫病危害日益严重，持续性影响不容忽视

细菌性疫病耐药性不断增强。由于滥用抗菌药物，使得多数常见细菌性疫病菌株耐药性逐步增强，耐药种数不断增加，耐药率不断升高，细菌性疫病病原环境污染严重。随着养殖密度的不断加大、规模化养殖不断扩大，致病微生物环境污染越加严重，并且可通过多种途径传播，已成为养殖场常驻菌并引起发病。

二、兽医基础问题——兽医体系存在的问题

（一）工作体系方面存在的主要问题

长期以来，我国一直将国内动物检疫和进出口动物检疫工作分开管理，然而这样的分工模式完全破坏了我国兽医工作的整体性，影响了动物疫病防控的全局管理，并且妨碍了我国动物疫病防控政策的贯彻落实，造成了兽医工作管理体制上的明显缺陷。由于国内动物检疫机构与进出境动物检疫机构缺乏有效的沟通机制，诸多动物疫病防控政策不能有效贯彻实施，导致多种外来动物疫病随着动物及动物源性产品进口贸易侵入我国，这些外来动物疫病严重危害我国畜牧产业的健康发展，同时也给我国畜牧业造成了巨大的经济损失。

我国目前实施的在食品安全监管上的分段管理体制，尽管在国家这一轮的政府职能改革中，将经营、加工和餐饮的监管由三个部门变更为国家食品和药品监督管理总局一家管理，但仍会对动物疫病防控的全过程管理，造成一些不可避免的交叉与阻碍。到目前为止，我国尚未将与相对人协调、兽医教育纳入体系建设之中，这种状态无疑又拉大了与OIE对兽医体系建设基本要求的差距。

（二）基层兽医队伍建设存在的主要问题

目前，我国基层兽医队伍存在学历普遍较低，培训不到位等问题。全国乡镇畜牧兽医站的兽医人员中，还有许多的工作人员缺乏正规、系统的兽医知识学习，业务水平低。由于基层站工作条件辛苦，待遇较差，用人机制和竞争机制均不完善，无法引入学历较高的兽医技术人员。

（三）物力财力资源保障方面存在的主要问题

第一，我国兽医投入不足。较之国外畜牧业发达国家对兽医工作的投入，我

国的财力物力投入显然是不够的。第二，我国资金投入没有依据。目前我国兽医机构缺少机构建设标准，使资金投入存在一定的盲目性，不知道怎么投入，该往哪里投入，并且在投入后不能清楚地了解投入成本和效益，往往造成一些方面重复投入，另些方面却没有任何投入的局面。

（四）人力资源保障方面存在的主要问题

现有的兽医队伍整体来说专业知识水平和技术能力不高，非专业人员的比例较高，专业技术人员业务培训不够，业务技能较低，工作的效率和质量不高。同时，现有的专业技术人员存在年龄老化、断层，兽医人才青黄不接的问题，一些县级兽医机构由于经费不足，人员待遇较差。

（五）行政管理保障方面存在的主要问题

目前我国在兽医财政支出和人员物资配备方面没有出台相应的规定和标准，各地兽医机构在核定机构编制数时，并未完全考虑兽医工作机构所承担的兽医工作职责以及加强公共卫生管理需要。

大多数机构无外部协调机制及相关文件性规定，外部协调工作仅依靠单位内部个别工作人员协调开展，尤其是在与非兽医工作体系的各级政府和其他动物卫生相关机构进行协调时，更是存在不少阻力。

（六）技术体系方面存在的主要问题

目前我国官方兽医实验室体系还存在以下问题：许多地方实验室存在技术人员匮乏、仪器设备维修保养经费短缺、实验试剂缺乏等现象。实验室质量保障手册存在可操作性差问题。此外，许多实验室缺乏针对可能出现问题的纠偏措施，内部质量监管缺失也是实验室存在的主要问题。

（七）兽医教育方面存在的主要问题

目前我国兽医教育尚不属于兽医体系，兽医教育中教学与实际需求脱节的现象非常严重，造成兽医工作急需人才不能满足生产需求，兽医专业毕业的学生找不到工作的现象，并长期得不到解决。

三、动物疫病风险分析理论

（一）动物疫病风险分析

国内外学者对风险的定义表述不一，目前主要的观点有两类：一类是认为所谓风险就是不确定性；另一类认为风险是由事件不确定性所带来的预期损失。综合有关风险的各种学科的观点，在广义上，动物卫生风险一般是指对动物以及人类健康和生命财产安全造成潜在危害的可能性以及事件发生后带来不利影响的可能性，这种可能性是由各种风险因素，即促使风险事件发生或致使健康和生命财产安全危害增加的条件所促使或引起的，即风险源于事件的不确定性；狭义上，动物疫病的风险主要是指从动物补栏到出栏过程中，引发预期结果偏离的诸多不确定性因素，主要包括动物疫病暴发风险和自然灾害所引起的风险、政策风险而导致的实际产出结果偏离经营者预期的可能性。

风险因素是可能致使损失幅度加大的一种要素，它往往受到道德因素、心理因素和物理因素等方面的影响。从这一层面上看，人类自身的行为通常是风险事故发生的重要因素之一。风险分析指的是通过一定方法衡量风险发生造成的可能损害程度和可能发生的概率，即测度和识别某种风险，从而拟订并实施相应管理方案的一种系统方法。作为一门新的管理科学，风险分析理论主要研究风险控制技术和风险发生规律，并对风险实施有效的控制和妥善的处理。世界卫生组织（WHO）和联合国粮农组织（FAO）组成的联合专家咨询委员会将风险分析体系定义为由风险交流、风险评估和风险管理组成的有机过程，并指导各国国家在实践中推广应用风险分析体系。

动物疫病风险分析主要是指对某种动物疫病传入、扩散和定居的各种可能性及其可能产生的后果进行管理、评估和交流的方法和过程。1992年，世界动物卫生组织（OIE）就形成了国际推荐的进口动物及动物产品风险分析原则及程序，对动物疫病风险分析提出了一系列有关具体要求，主要是为各级政府在制定有关法律法规、条例条款等时提供科学的理论依据和指导，尽可能提高防控决策的科学性、透明性和可防御性。动物疫病风险分析对于抵御外源性疫病，防御疫病的入侵、控制内源性动物疫病传播、控制区域间动物疫病传播、养殖业抵御动物疫病风险和恢复重建、生物恐怖等都具有深远的意义。例如，以风险评估为基础的无规定动物疫病区建设能够较好地促使动物疫病防控能力的提高，促进对外贸易、提高动物卫生及动物产品安全水平，及时控制和扑灭重大动物疫病。

依照WTO和OIE的有关规定，美国、新西兰、澳大利亚和欧盟等，建立了非常规范的动物及动物产品进口风险分析方法、实施措施及运营体系，对进口的动物及动物产品实施较为严格的风险分析检疫策略。同时，针对畜牧业成立了专门的风险分析执行部门，以便更好地对动物疫病进行监控和防控。风险分析执行部门按照国际惯例对动物卫生进行风险分析评估，包括评价动物产品安全性。一些国家也将比较尖端的科技投入其中进行动物疫病进口风险研究，如美国研制的地理信息系统（GIS），大大提高了动物疫病分析的直观性。

动物疫病风险因素是指引起或增加某种动物疫病的条件因素，主要包括造成生物学和经济学损失的条件因素以及动物疫病传入、扩散和定居的可能性条件因素。经济评估是动物卫生风险分析考虑最为关键因素之一。同时，科学的、全面的动物卫生风险分析离不开流行病学、统计学、气象学等大量学科知识。风险识别是风险分析的第一步，即对存在的风险进行识别，一般借助于历史记录、专家调查发、外推法等手段，得到基本的、必要的信息或数据，构建起合适的数学模型，应用适宜的数学方法将信息量化，进行数据分析。然后，根据风险的评判标准和评估结果测度风险大小，为进一步的风险控制提供可用于指导操作的信息。最后，将风险分析和管理的各阶段数据进行系统化管理，为后续研究提供理论和历史信息支撑。现有风险分析方法比较多，且大多都遵循基本的风险评估流程，多种风险分析方法已被运用于牛海绵状脑病、口蹄疫、蓝舌病等典型的流行病监测和控制。

常用于动物疫病风险分析的方法包括德尔斐法、决策树分析法、故障树分析、风险评审技术、层次分析法等。德尔斐法是提升决策可靠性的一种定性预测方法，其主要特点是被咨询的专家或调查人员之间以背对背方式独立思考问题、设计方案、提出决策建议。决策树分析是比较常见的一种进行风险分析、决策的方法。通过对每项初始可能事件发生的概率及结果进行分析，并且进行不同方案的分析比较，以期望值为标准进行决策，从而达到评价系统的可能性。故障树分析是通过描绘事故发生的有向逻辑树来分析人为、环境因素，以及软件和硬件条件等可能造成系统故障的全部初始原因及结果，刻画产生故障原因的各种可能组合方式和其发生概率，以便针对初始原因采取改进措施。该方法可用于风险的定量分析和定性分析。在对大型复杂系统的可靠性及安全性分析时，故障树分析是一种有效的方法。风险评审技术，是针对一些具有不确定性和高度风险性的决策问题，应用仿真原理并有机结合使用概率论及网络理论而开发的网络仿真系统。通过大量完备的节点逻辑功能，控制一定的性能流流向、费用流、时间流及相应的活动进行风险定量分析，在进行多次仿真运行后，网络仿真系统中各个节点与活动都可能得到实现，能得出相应的概率分布，最后到达网络的终节点。该方法为了解系统风险或危害情况提供制定决策的一种辅助。层次分析法一般用来解决分析复杂问题时统一度量标尺缺乏的困难，即在决策系统中，当很多因素之间进行对比时常遇到无法定量描述，纯参数数学模型方法难以解决的困难时，可以通过应用层次分析法解决无法定量计算的问题，它是解决这类问题的行之有效的方法。当用于决策问题分析时，该方法首先通过建立层次结构模型分解系统，把比较复杂的决策系统分为较为简单的系统进行单层次分析，然后对层次进行总排序与综合判断，利用层次化的结构解决复杂的、非结构性的决策问题，为最终决策提供一种定量分析的依据。

（二）动物疫病风险评估

风险评估即运用数理统计、计算机技术评估等方法对所研究的特定风险事件的发生概率作出定量估计。动物疫病风险评估的目的是对动物疫病可能造成的危害进行识别，通过综合分析多种环境因素下传染病疫情发生与传播的可能性，确定危害等级或危害程度。通过风险评估，对疫病发生可能造成的生物学、经济学、社会学损失后果及其发生的可能性大小进行估计，能够为制定适宜的防控策略，以及具体的控制、预防和扑灭措施提供参考，使风险损失最小化。这里的风险损失指的是意外事件发生后所导致的社会、相关产业及其内外部产生的各种以货币为计量单位的损失总和，是在一定动物疫病暴发预期概率水平下，由于动物疫病的发生与传播等引发的各方面事件发生造成的可能直接和间接损失之和。

在各级政府制定动物疫病防控策略时，可运用科学的分析方法对动物疫病暴发所造成的各种风险损失进行评估，提高疫病风险管理决策的科学性。当前，关于风险评估的主要研究方法可分为三类。

定性评估，如检查表法、专家会商法、德尔菲法等。定性分析方法其特点是虽然对问题的分析比较全面，但是主观性很强。

定量评估，如蒙特卡洛模拟法、贝叶斯分析等。应用这些方法进行评估时，具有明显、直观、可比性强的优势，但是其简单化、模糊化的特征也容易造成误解。

定性定量综合评价法，如事件树、事故树、风险矩阵法、分析流程图法等方法。这些方法大多被应用在一些重大公共卫生事件的风险评估研究中，如新发传染病以及钩端螺旋体病、人感染高致病性禽流感、口蹄疫、血吸虫病等地方流行性传染病风险评估。综合评价法的优点是能够集中、同时进行定性和定量分析，缺点是资料的准备、模型的建立往往受到许多条件的限制。

动物疫病风险评估的主要研究内容包括动物疫病暴发风险评估、传播风险评估、健康与安全评估、环境风险评估，等等。一般评估目标是通过定性和定量分析来确定动物疫病的危害等级或其危害程度，从而提升风险管理水平，控制疫病的危害。

在动物疫病暴发风险评估中，第一步工作是辨识影响动物疫病暴发风险的因素，并对其进行分类，掌握疫病发生的详细历史与统计数据资料，如历史暴发死亡数量、存栏量、应急措施等；然后围绕评估问题展开评估框架的构建，包括构建内容、重点和指标等；根据暴发风险评估框架，从多种渠道和角度来全方位采集评估数据和信息，如易感动物数量和养殖场数量、疫病的流行病学特征、防治措施的实施情况、国内外或不同区域的流行状态、野生动物分布和带毒情况，等等。在保证采集的数据充分、可靠和准确的情况下，对采集的各类数据信息进行分类和整理及初步分析，为综合评估做准备；最后，进行评估问题的分析评价，修正或接受评估初步结论，并形成正式评估结论。

风险评估一般步骤包括评估准备、评估设计、信息获取和整理、评估分析与综合。完善动物疫病风险评估体系主要由疫情监测和追踪、量化分析、通报信息和预报构成。动物疫病风险评估体系及预警机制是指导动物疫病防控的重要支撑。进行科学的动物疫病风险评估，并做出科学有效的动物疫病疫情防控措施决策，能降低动物疫病疫情所带来的社会卫生及消费风险，减少动物疫病疫情发生所带来的经济利益损失。早期进行疫病的预防和控制，能够最大限度地降低损失。预警机制以动物疫病疫情防控的实际情况为基础，及时有效地收集动物疫病疫情可靠信息和资料，将各类信息进行分类整合和优化配置，通过政策分析、风险分析、经济分析等定性定量综合分析手段，建立起完善的风险监测制度，使得人们能够及时判断动物疫病疫情。疫病风险评估已成为国内外研究的热点问题。

（三）动物疫病风险管理

风险管理是指通过风险控制、识别、评估和应对措施对各种风险进行管理的活动。进行风险管理的主要目的是避免产生危机后的被动局面和风险产生的不良后果，提高决策者面对风险时的主动性。具体而言，风险管理是适度地对风险进行开发、利用和经营，进行风险消除、风险转移、风险减少、风险控制等重要措施来实现价值的最大化。

风险会带来损失，又可能蕴藏着机遇，这是人类历史上长期存在的客观规律。但对损失的研究，特别是损失不确定性的研究是人们对风险的研究和分析的重点。

动物疫病风险管理和企业风险管理不同，有其特殊的内涵和特性，这是研究和构建动物疫病风险管理机制所需要考虑的地方。当然，动物疫病风险管理的基本思路和其他风险管理是基本一致的，都是把风险视作特定事件的客观属性，动物疫病暴发的危害性后果以一定概率的形式产生。

动物卫生管理决策主要围绕动物卫生规划、无规定动物疫病区划、动物卫生经济发展和动物卫生环境保护等主题。动物疫病，尤其是重大动物疫病的暴发不仅仅具有突发性和难以预测性，预防与控制过程难度比较大，且疫病暴发之后又对社会、经济、环境均具有不同程度的危害。许多重大动物疫病的暴发会引起大批的家畜死亡，直接造成大量经济损失。此外，动物疫病的暴发还会对疫点、疫区以及周围环境造成污染，会使人畜共患病，还危害着人类健康，威胁社会稳定，不仅会耗费巨大的人力、物力和财力才能控制，整个社会还要花费很长的时间去治理其所造成的影响。因此，深入探讨动物疫病风险管理的相关问题，为动物卫生管理决策提供支持和建议，对于提高公共管理水平以及优化资源配置具有积极作用。

第二节　我国重大动物疫病状况评估指标体系的构建

一、重大动物疫病状况评估

（一）重大动物疫病状况评估本质

重大动物疫病状况评估模型，是着眼于动物及动物源性产品的各个生产环节，以某一重大动物疫病状况为因变量（Y），以所有可以影响该疫病状况的因素为自变量（X）的函数。重大动物疫病状况评估，则是通过这一函数模型中相关权重的确定，运用定性、定量的方法评估该疫病的疫病状况，以判断（评估）在不同时期该动物疫病状况的变化态势，或者比较不同区域间同一动物疫病不同的动物疫病状况差异，并通过影响关键因子的形式提出相应的动物疫病防控策略。

（二）开展重大动物疫病状况评估的意义

通过动物疫病状况评估，能够得到某一地区当前时间段内的重大动物疫病状况指数（DSV），所得到的重大动物疫病状况指数并不能说明该地区重大动物疫病状况的好坏，指数高不一定意味着本地区重大动物疫病状况好，而指数低也不一定意味着本地区重大动物疫病状况差。只有将不同地区或同一地区不同时间段的重大动物疫病状况指数进行比较才能说明问题。

开展重大动物疫病风险评估，其至少有以下三个方面的意义。

1.有助于判断同一区域不同时期的重大动物疫病状况变化态势

同一区域在不同时间段会产生不同的重大动物疫病状况指数，将多个数值进行比较，若某一段时间的重大动物疫病状况指数较高则说明该时期本区域的重大动物疫病状况较好。通过与该地区不同时期重大动物疫病状况指数相比较，可以判断该地区不同时期的重大动物疫病状况变化情况，也可以作为该地区重大动物疫病防控政策的制定依据。

2.有助于判断不同区域之间重大动物疫病状况的差异

将两个或多个区域在同一时间段内的重大动物疫病状况指数进行相互比较，重大动物疫病状况指数值越高则说明该地区的重大动物疫病状况越好，相对于其他评估地区发生重大动物疫病的风险较低。兽医行政主管部门可以根据多个地区重大动物疫病状况指数情况绘制重大动物疫病状况示意图，以便控制不同区域间动物及动物源性产品的跨区域流动问题，原则上只允许动物疫病状况好的地区的动物及动物源性产品向动物疫病状况差的地区移动，禁止逆向动物及动物源性产品的移动；同时可以根据不同地区不同的重大动物疫病状况制定更合理的动物疫病防控投入。

3.有助于找到影响重大动物疫病状况的关键因素

通过对重大动物疫病状况评估，找出影响评估地区重大动物疫病状况的关键因素，评估地区可以因地制宜地制定符合本地区重大动物疫病状况的动物疫病防控策略和资金投入计划，有效改善重大动物疫病状况，将重大动物疫病发生风险降到最低。

（三）开展重大动物疫病状况评估的目标

开展重大动物疫病状况评估，能够为评估地区的地方政府制定防控重大动物疫病政策提供技术支持，同时还能对某一时期的重大动物疫病防控决策提供技术依据。一般来说，理想的重大动物疫病状况评估应该达到以下目标：收集与评估地区重大动物疫病状况相关的重要信息并进行客观分析；便于参与防控重大动物疫病的相关部门和工作人员进行重大动物疫病风险信息的交流与共享；对于影响重大动物疫病状况的关键因素进行全面深入的研究，了解影响不同因素的关键变量，通过对以上关键变量的控制达到对重大动物疫病状况的控制；为重大动物疫病控制决策和重大动物疫病风险管理决策的选择提供有力的技术支撑；明确在评估过程中存在的信息缺陷，为今后的研究与统计工作确定更加明确的方向。

（四）重大动物疫病状况评估过程

进行重大动物疫病状况评估，能够定性说明受评估地区重大动物疫病状况的优劣，或者预测该区域重大动物疫情暴发事件概率的大小，在借鉴相关理论方法、研究成果的基础上将重大动物疫病状况评估，分为以下四步。

1.确定关键因素

确定影响因素，即对可能影响重大动物疫病状况的相关因素进行确定，并通过定性分析的方法确定各影响因素对重大动物疫病状况可能造成的影响；将确定的影响因素根据不同的性质或属性进行分类；确定影响重大动物疫病状况的关键因素，尽量做到重大动物疫病状况影响因素的全覆盖；通过定性分析的方式，确定关键因素可能的发展路径以及不同路径可能对重大动物疫病状况带来的影响。

2.建立指标体系和评估模型

通过对第一步确定的关键因素进行分析，建立包含各关键因素的评估指标体系，同时确立指标体系的目标层、准则层、指标层；通过对调研数据进行量化分析，得到各指标的权重，根据不同权重确定指标中的关键项、重点项和普通项；建立涵盖所有关键因素的重大动物疫病状况评估模型。

3.实施重大动物疫病状况评估

根据评估指标体系的内容对特定区域进行重大动物疫病状况评估，通过计算得出该地区某时间段的重大动物疫病状况指数；解读、分析重大动物疫病状况指数的指示意义；就关键项、重点项以及普通项对该地区的动物疫病状况的影响情况做出分析。

4.根据评估结果提出对策

根据重大动物疫病状况影响因素的特点及其变化趋势，制定相应的解决办法和控制方案，并针对影响重大动物疫病状况的关键因素造成的“瓶颈性”问题提出相应控制对策；根据重大动物疫病状况指数的对比情况，为不同地区提供适合本地区的解决策略，同时根据评估地区重大动物疫病状况指数的相对水平给出今后重大动物疫病防控的力度与方向。

二、重大动物疫病状况评估指标体系的建立

根据对重大动物疫病风险评估的理论研究和影响因素的分析，遵从评估指标选取的基本原则，构建符合我国国情的重大动物疫病风险评估的指标体系。

（一）重大动物疫病状况评估指标的选取

影响重大动物疫病状况的相关因素繁多、复杂，仅仅用一个或几个基础评价

指标根本无法完成对重大动物疫病状况的评估，需要建立一整套科学、合理、实用的评估指标体系来实现。以影响重大动物疫病状况的主要因素为立足点，考虑各个影响因素之间的相互联系与影响，设立符合实际情况的重大动物疫病状况评估指标，进而构成重大动物疫病状况评估体系。

（二）重大动物疫病状况评估指标体系的构建原则

在进行重大动物疫病状况评估时，需要建立一整套评估指标体系，这些指标将涵盖动物从“饲养到餐桌”的全过程，如动物疫病防控、兽医机构建设、饲养管理、流通管理、当地风俗、经济和社会发展情况等内容。可以说，重大动物疫病状况评估涉及方方面面的问题，这也就决定了我们在制定重大动物疫病状况评估指标体系时不仅要遵循科学、合理的基础原则，还应当遵循一定的指标选取原则。

1.科学性原则

以科学思想为指导，使所选课题具有理论基础。评估指标体系设计应当以疫病流行病学、风险评估理论、区域区划理论、生态学理论等为基础，研究内容应当符合动物疫病发生、发展的客观规律。评估指标体系设计的科学性直接影响到评估结论的质量，所以进行指标设计时应以疫病流行病学、风险评估理论、区域区划理论、生态学理论等为基础。

2.全面性原则

重大动物疫病状况是一个极其复杂的动态体系，每个因素都会直接或者间接地对重大动物疫病状况产生长期或者短期影响。为了使整个重大动物疫病状况评估指标体系能够比较全面地揭示影响重大动物疫病状况的各类因素，能够较为全面地反映重大动物疫病状况，在构建重大动物疫病状况评估指标体系的过程中应当注意以下两点：首先，要确保重大动物疫病状况指标体系研究对象的全覆盖，将影响重大动物疫病状况的各类因素考虑其中；其次，要确保对影响因素演变过程的全覆盖，将各个因素的动态发展趋势考虑其中。

3.独立性原则

重大动物疫病状况是一个动态发展的过程，同一地域的不同阶段和同一阶段的不同地域，由于动物疫病防控情况、兽医机构建设状况、经济和社会发展状况均有所不同，这就要求重大动物疫病状况评估指标体系必须既能够反映当前重大动物疫病状况，也能够体现形成当前状况的全过程。所以在制定重大动物疫病状况评估指标体系时，每一项评估指标都必须有对应的评估对象，以便能够有效、准确地反映影响重大动物疫病状况的每个影响因素。在制定评估指标体系的过程中，应当尽量确保每个指标都相互独立且相互关联性很小，避免不必要的重复和交叉，保证评估指标与评估对象的一一对应。

4.重要性原则

重大动物疫病状况评估指标体系所包含的指标必须具有代表意义，对应的评估对象都是在进行重大疫病状况评估时应当给予关注的关键风险点，在保证全面性的原则的同时也保证了指标的代表性。指标构建过多，虽然可以小幅提高评估结果的准确性，但是也极易由于冗繁的统计和计算过程导致评估结果出现偏差，同时也不能够达到操作简便实用的目的。而指标构建不足时，则极有可能造成评估指标的遗漏而导致关键风险点漏评，以至于评估结果失真，失去评估意义。因此，在指标构建过程中应充分研究、分析影响重大动物疫病状况的相关因素，考虑每个相关因素对重大动物疫病状况的影响程度，将对重大动物疫病状况具有重大影响的评估对象进行确定并一一建立起对应的评估指标，保证关键风险点的全覆盖。

5.相对稳定性原则和可比性原则

重大动物疫病状况的影响因素种类繁多，部分影响动物疫病发生与传播的自然因素和人为因素具有极大的变动性和不确定性，因此，在制定评估指标体系目标层、准则层、指标层的各项指标时，应当选取相对稳定的影响因素作为评估对象进行评价。

在构建重大动物疫病状况评估指标体系过程中，应当充分考虑到评估指标体系的设计能够为同一地区不同时期或同一时期不同地区间的重大动物疫病状况提供比较。

6.可行性和可操作性原则

评估指标体系中的每一项指标在设计时应当具备易于采集和易于量化的特点，能够通过有效数据收集方式进行数据统计，衡量每个指标的影响范围和程度。每项评估指标都要有可靠的资料、数据来源，资料、数据的获得既可以通过有关部门的统计资料，也可通过实地调查。

（三）重大动物疫病状况评估指标体系的建立

在进行重大动物疫病状况评估影响因素选择时，遵循科学性、全面性、独立性、重要性、相对稳定性、可比性、可行性和可操作性等原则，基于德尔菲法、层次分析法、模糊综合评价法、多指标综合评价法建立重大动物疫病状况评估的流程框架和指标体系。

根据评估指标体系构建原则，按照系统工程原理，独立设计了一套较为健全、理想的“重大动物疫病状况评估指标体系”，该指标体系由三个层次构成，基本能反映重大动物疫病状况的具体情况。

1.总体层

设置一个宏观变量“重大动物疫病状况指数”，来衡量重大动物疫病发生风险水平的高低，代表某一地区的重大动物疫病状况的好坏。其数值介于0～100之间，当对两个重大动物疫病状况指数相比较时，数值越大，说明该区域重大动物疫病状况相对较好，反之较差。重大动物疫病状况指数的具体数值由指数层各指数求和确定。

2.指数层

指数层是重大动物疫病状况的贡献指数。根据前期调研、研究、总结得出影响重大动物疫病状况的八个主要方面，即区域特征、疫病状况、兽医基础、实验能力、疫病预防、疫病监测、检疫监管、应急响应等。以上各指数的数值越大，表示对重大动物疫病状况指数贡献越大，反之越小。其具体数值由所属的基础评价指标通过加权计算确定。

3.指标层

由87个具体指标组成，这些指标是重大动物疫病状况评价指标体系中的基础评价指标，是重大动物疫病状况的主要影响因素，这些评价指标具有可评价性、可获得性、可比性等特点。

第三节　我国重大动物疫情应急管理的完善对策

如何构建较为完善的重大动物疫情应急管理体系，全面提升应急处理能力，真正实现对重大动物疫病的主动管理和有备应对，任重而道远。基于对我国重大动物疫情应急管理的现状梳理和问题的分析，借鉴美国重大动物疫情应急管理体系建设的先进经验和成熟做法，并根据《国家中长期动物防治规划》中涉及的“提升我国突发动物疫情应急管理能力”相关指导方针，建议从管理体制改革、法律法规健全、运行机制创新、应急预案完善、财政保障长效机制构筑和应急资源系统建设等六个方面整体提升我国重大动物疫情应急管理能力。

一、改革重大动物疫情应急管理体制

从长远建设角度来讲，我国的确需要建立一个更具权威的组织机构将动物疫病防控宏观决策方面的工作统筹起来，建立“国家动物疫病防控工作委员会”或“国家动物疫病防控工作协调小组”是一种可供选择的方案，其关键问题在于政府通过定职责、定机构、定编制，来克服当前工作中条块分割、政出多门、有分工难合作的局面，解决职能交叉、有权无责、有责无权和责权不对称等突出问题。这项体制改革工作既是国家建设统一、高效、精简的有限责任政府的必然要求，也是一项需要时间投入、消耗人力物力和科学政策论证的长期建设工程，但我们相信随着国家对公共卫生工作的整体性认识和重视程度加大，会加快推动该项工作以此实现人医和兽医一体化的高效“大卫生”防疫体系。在这个国家“大卫生”应急管理的实践过渡时期，近期工作的重点是根据应对突发动物疫情的需要，将与其应急管理相关的各种功能和工作内容系统梳理和逐步完善，加快建立高效统一的应急指挥体制、理顺兽医管理工作体制，并在此基础上健全联席会议–联防联控–应急指挥部相结合的“一体三模”平战转换机制，这将对现阶段重大动物疫情应急管理工作体制建设有较好的推动作用。

（一）加快建立高效统一的应急指挥体制

1.加强应急指挥实体机构建设

各级政府应建立由各级人民政府领导的高效的、统一的动物疫情应急指挥机构。根据应对重大动物疫情的需要，国务院和有关地方人民政府及时成立重大动物疫情应急指挥部，其中由国务院主管业务领导担任全国总指挥。同时，各级重大动物疫情应急指挥部应与卫生、自然灾害等应急指挥机构一样，下设统一的常设性日常应急管理办公室，配备专职人员和办公场所，既负责重大动物疫情应急管理的日常管理，又能够在重大动物疫情发生后成为综合协调、信息汇总、管理危机应对的核心机构。同时，各级政府要注重将专家咨询和指导职能制度化，发挥专家委员会在防控物资储备、疫情研判、技术方案制订、民众风险沟通以及后期评估等方面的科学指导作用，这是提高应急指挥决策科学性的有效途径。

2.完善应急指挥基础设施建设

在硬件建设上，要灵活建立以地方行政管理系统、政府信息网系统、共用或通用应急指挥系统为依托的决策指挥信息平台，具备及时汇总分析功能，做到审时度势、指令畅通；在软件建设上，要优先完善电子政务标准和规范、公共信息服务资源目录和指导相关部门信息系统建设与管理的信息共享、交换和管理机制。

3.健全联席会议–联防联控–应急指挥部相结合的“一体三模”转换机制

在日常状态下，各级政府可依托现有的部门联系会议制度，及时沟通重大动物疫病监控信息并从事有突发动物疫情的风险评估和预警工作；当重大动物疫情已发生但其中事态不明时，可优先启动部门间联防联控机制，借助工作协商、信息通报发布和督办检查等工作制度进行综合协调，实现及时研判疫情形势并确定科学应对策略；当突发疫情的社会危害提升且有扩散蔓延趋势时，又迅速切换为应急指挥部模式，加强政府政治动员和协调力度。健全“一体三模”的平战切换机制的目的是让政府重大动物疫情应急管理工作走向常态化和长效化，逐步改变以往只注重突发重大疫情应对的片面做法，把更多的人力和物力投向事前防范工作，并有效防止疫情事态骤然升级，促使应急管理从事后被动型到事前主动型的积极转变。确保在重大动物疫情发生后，形成的应急组织体系呈现出集中统一管理指挥与分级分部门负责的基本特征，既保证立足全局，统筹规划，又发挥各专业、各部门的职责和优势。

（二）进一步理顺兽医管理工作体制

1.整合职能，实现动物卫生全过程统一监管

设立更为独立的国家兽医管理机构，统一管理全国动物卫生工作。通过合并对内、对外两套动物卫生检验检疫体系，逐步统一分散在各部门的动物卫生和动物产品安全监管职能，最终实现从饲料生产、动物养殖、交通运输、屠宰加工到公众餐桌全过程的安全无缝管理。

2.建立与国情相符的官方兽医垂直管理制度

鉴于重大动物疫病流行不分地域的特点，为实现重大动物疫情应急管理工作地区间的协调统一，在总结各地县级垂直管理改革取得成效的基础上，实行省级以下兽医垂直管理制度，从而消除地方保护主义和指挥协调失灵现象，为重大动物疫情的准确监测、快速诊断和及时扑灭提供体制保障。与此同时，中央可先考虑在华北、东北、华东、华南、华中、西南和西北七个区域设立国家兽医局派出机构，并建立配套的动物疫病诊断和监测实验室，统一协调区域内的动物疫病防控和动物源性产品安全监管工作，监督国家各项措施的实施，确保国家重大动物疫情应急工作“上下贯通、横向协调、运转高效、指挥有力”。

3.推进国家兽医队伍建设和素质培养

在完善兽医师的分类管理制度的前提下，逐步提高官方兽医和执业兽医的准入门槛，特别是要加强执业兽医管理，实行市场准入和技术年检制度，明确执业兽医应享受的权利和应尽的义务（特别要承担必要的免疫、疫情报告和扑灭疫情等任务），使之成为官方兽医强有力的工作支撑。同时加强乡村兽医和村级动物防疫员队伍建设，一方面加大技术培训的力度，切实提高其专业技能和工作能力；另一方面强化工作考核机制和动态管理机制，将考核评价结果与人员报酬补贴挂钩，尤其是对综合考核不合格的，及时调整出乡村兽医或村级动物防疫队伍。同时，我们还要考虑将军队兽医管理体系纳入国家兽医管理体系之中，逐步形成以官方兽医为主导，以执业兽医、军队兽医、乡村兽医和村级动物防疫员等为辅助的国家动物防疫保健网络。

二、健全重大动物疫情应急管理法制建设

目前我国应急管理主要是针对不同类型的突发事件分别进行立法，不同的应急管理部门具体负责其管辖的突发事件。基于这个实情的考虑，重大动物疫情应急法律规范的完善既需要对现有法律规范的修订完善，更需要国家应急法制整体建设的带动，是一个自上而下的渐进过程。在内容上首要明确应对突发疫情时计划组织实施主体、参与部门、相关企业和社会公众的责任和义务，通过细化针对性措施来指导建立由政府主导、各相关部门和全社会共同参与的多方协作机制，并重点关注企业和公众由于政府紧急强制工作造成权利侵害后的补救机制，充分调动各方积极性，落实扑杀赔偿、疫情追溯、流通控制等行政和技术措施，为有效实施应急预案提供立法保障。

在立法的过程中，要广泛征求其他相关政府部门、行业协会、企业组织和社会公众的意见，以此推动立法、执法和守法三个目标的高度统一。

三、创新重大动物疫情应急管理运行机制

（一）构建全面的疫情测报网络，充分实现预报预警功能

以现有的动物疫情和动物疫病监测信息报告网络为基础，进一步完善全国动物疫病监测和报告网络，搭建全国统一的监测与疫情信息平台，将主动监测、被动接受报告、群众举报和社会媒体监督等各方面的疫情测报信息进行集中汇总和智能化分析，充分实现重大动物疫情预报预警功能。

1.健全信息收集和报告体系

健全以村委会（居委会）/村民小组、乡镇畜牧兽医站，区县、市、省、国家动物疫病预防控制机构为纵向（自下而上）动物疫情分析评估信息收集报告网点，设立专（兼）职人员（如村级防疫员或疫情报告观察员），按规定期限将本辖区的动物疫情分析评估汇总信息逐级上报；以动物医院（诊所）、动物屠宰场（点）、动物养殖场、动物产地检疫报检点、动物运输站和动物疫病诊断实验室为横向动物疫情分析评估收集报告网点，由指定的兼职人员按规定期限，将本辖区的动物疫情分析评估汇总信息向区县动物疫病预防控制机构报告的体系。如遇到疑似重大动物疫情的，按照国家相关规定实行疫情快报制度。

尽快完善疫情责任追究机制，明确责任追究的范围、程度，明确动物疫病

防控有关各方的义务和责任，强化政府主导作用及企业和养殖业者直接责任，打破地方保护主义，重点解决有疫不报的问题，着力控制虚报、缓报和瞒报疫情的现象。

建立对重大动物疫情第一报告人的激励机制，鼓励各种渠道（如网络、手机短信等方式）进行举报，一经核实，对养殖户提高扑杀补贴标准，对其他群众给予相应的物质报酬奖励。

2.顺畅信息传递和交流通路

首先，要尽快将动物疫情信息直报网络覆盖到乡镇和村，并跟进落实各级工作机构的信息网络维护经费，及时升级现有信息网络的硬件设备和软件设施，尤其要把基层组织信息化建设落到实处。同时考虑通过引入成熟的计算机和网络传输技术来规范信息报告格式和加快信息传输速度，并根据疫情信息的密级级别和紧急程度，采用标准化的传输方式以实现信息传输高效、及时和准确。其次，政府要继续完善农业部（畜牧兽医）与卫生部之间的人畜共患病合作长效机制，加大这两个部门之间的信息沟通与交流力度，及时掌握人与动物的相关发病信息。同时还要积极向深化拓展，优先考虑有机整合各级各类实验室资源，尽快建立动物防疫部门与卫生、林业、出入境检疫等相关部门之间的疫情监测预警信息的实时共享，尽早为重大动物疫情的预报预警工作提供有效线索和互动协作。

3.创新重大动物疫病监测预警机制

加大主动监测的力度，制订科学的疫情监测方案，尽量增加监测病种和检测覆盖面，尤其是加强对发病或死亡动物等的监测和野生动物疫情的监测。

开发建立监测信息数据自动化处理软件平台，加强对疫情信息数据的分析利用，在动物疫病发生与地理信息系统、气象技术资料等环境威胁因素（包括季节、气候、水系、虫媒和环境污染物）相关性研究中，考虑引入遥感和空间分析技术以拓宽研究技术手段和提高结果精确度，并建立重大动物疫情风险分析评估数学模型，依据模型开展动物疫情分析和风险评估。

设计建立科学实用的预警技术和指标体系。根据所预警的动物疫病临床状态特点、流行病学特征、严重性和发展程度等因素，考虑选择灵敏度和特异度兼顾的预警界值和预警方法。同时疫情预警要与监测信息分析平台进行一体化结合，实现自动化的实时疫情预报。理想状态的预警预报工作还要结合地理信息系统在电脑终端实现预警状态，直观地反映当前的级别及分布。

（二）健全生产恢复机制，完善扑杀补偿政策

在完善扑杀补偿政策方面，首先要继续完善现有的动物疫病监控体系，全面细致评估国内养殖业动物疫病发生情况，初步确定适宜扑杀补偿的疫病范围，将不同的疫病区分为不同的赔偿层次。其次要加强对国内畜牧市场交易价格波动情况的调查研判，配套建立实时跟踪的市场价格网络系统，在重大动物疫情发生时，相关部门确定获取需要补偿的禽畜品种和数量后，可迅速根据市场实际价格进行赔偿标准和补偿金额的界定。除此之外，补偿范围不仅包括被正式命令扑杀的动物、扑杀命令下达后死亡的动物，还应覆盖死亡后被认定的须申报疫病的动物以及被污染的动物产品和相关物品。补偿病种也应扩大到《国家动物疫病防治中长期规划》中所提及的“损失重大或者纳入消灭目标”的动物疫病，以此促进动物疫病防治措施的彻底落实。同时，中央政府可以考虑将财政资金部分权力下放，由省级人民政府牵头建立染病动物扑杀补助资金预备账户，用于支付染病动物扑杀补贴，进一步简化补偿发放程序和提高补贴的效率。

在健全生产恢复机制方面，国家要优先考虑财政投入和保险机制相结合的政策调整。动物疫病防控的公益性并不意味着应完全由政府的公共财政来做这件事，与有限的政府财政力量相比，保险市场的潜在力量是巨大的。我国今后的财政支持政策也要考虑进一步开拓保险机制，在强化政府公益性职能的同时，将动物疫病控制逐步向保险市场深化拓展，充分发挥保险市场的作用，如出台优惠的引导扶持政策、筹建政策性保险公司和发展农村互助合作保险组织等。

四、完善应急预案编制

结合本地动物疫病流行病学特点、发病历史、地域特征、地理环境等因素，针对性地做好各类病种的应急实施方案的制订和完善工作。基层的实施方案应体现在“具体处置”上，不能照抄上级实施方案，避免出现千篇一律，上下一般粗。

目前我国的重大动物疫情应急演练工作尚处于逐步发展阶段，政府应继续加大对此项工作的支持力度。一是转变被动思想，所有相关部门都要认识到应急演练的必要性；二是建议尽快将应急演练工作纳入法制管理轨道，建立全民化和经常化的管理制度；三是健全对应急演练的财政保障和评估机制，合理安排演习经

费，确保该项工作顺利开展。基于以上三方面，应急演练牵头部门还要做好演练方案的制订，主动协调相关部门积极参与，多组织一些跨区域、跨部门的综合性演练，同时积极进行演习形式的研究创新，这是改善我国重大动物疫情应急演练高成本、缺乏多样性的有效途径和方法。

五、构筑财政支持长效保障机制，推进应急资源储备系统建设

（一）构筑长效、稳固的财政保障机制

经费不足直接影响了对重大动物疫情的预防和控制效能的发挥。借鉴美国的先进经验，构造我国长效、稳固的财政保障机制，一定要立足当前国情并兼顾长远，从加大投入、优化结构和完善配套三个方面入手，实现与国际社会逐步接轨。

1.加大财政支持力度

近年来国家对食品安全和公共安全问题日益重视，各级政府要随着社会经济的发展不断加大兽医财政支持力度，逐步提升动物疫病防控财政投入占畜牧业总产值的比重，要保证与我国动物高密度饲养状况相适应的防疫经费总量。就近期工作而言，要把改善基层防疫人员的待遇和提高基层防疫基础设施水平作为加大经费投入的突破口，探索建立基层动物防疫工作经费保障长效机制，切实解决一些基层地区动物防疫工作突出的问题。

2.优化财政支出结构

国家要尽快改变疫苗补贴占绝对比例的支出结构，大幅度提高流通监管、监测预警、流行病学调查、应急处置（无害化处理和扑杀补助）、应急基础设施和物资储备、科技支持（尤其是诊断试剂研发和成果转化）等经费投入比例，把免疫副反应的处置和补偿费用以及宣传教育、日常培训、考核验收费用纳入扩大财政补贴的考虑范围。

3.完善财政配套机制

要从制度上明确各级政府所应承担的财政支出内容和比例，健全中央、省、市、县“分级管理、分项负担”的财务保障机制。在动物疫病防控的经费及事权划分问题上，中央和地方之间通过合理协商的方式，明确中央和地方、政府与养殖主体之间的分摊机制；同时基于地区间差异较大的特点，设计多种财政分摊模式，建立政府与养殖户主之间的对话机制，以寻求理解和合作。

（二）推进应急资源储备系统建设

1.应急资金储备

首先，各级政府要明确将应急资金纳入一般性预算资金管理，重点保证应急管理部门的正常运转，并在预警和风险评估、应急物资储备、开展应急管理技术攻关和研究、日常宣传与培训等方面逐步增加经费投入。其次，各级政府要建立重大动物疫情风险防范基金，进一步健全支持畜牧业生产与重建的长效机制，并执行滚存管理机制以实现逐年积累，保证一旦发生重大动物疫情资金能够调得动、用得上。再次，各级政府要科学配比资金投入，注重预防性投入。要继续加大应急指挥系统、信息平台和动物防疫体系建设，增加动物疫情监测、流行病学调查、预警预报等应急管理预先环节的投入比例。

2.应急物资储备

成功处置重大动物疫情的重要前提，就是要保证应急物资的及时供应。各级政府要高度重视此项工作，将应急物资储备保障资金纳入本级财政预算，实现预算内管理。在配齐种类和备足数量的基本要求下，按照分类、适量、有效的原则建立多元化的储备方式，即实现政府储备与企业储备相结合，实现实物储备和生产力储备相结合，实现不同灾种政府储备间联动结合。具体来说，对于市场流通量充足且有一定保质期的物资，如消毒剂、诊断试剂，则可通过签订协议或合同等手段由生产或销售企业代储；对于不易长期储存，或者储存需要太多空间，并且转产时间短、生产不需要很长周期的物资，如疫苗，可以采取生产能力储备；对于适用于不同灾种救援的通用物资，如通信对讲设备、发电照明设备，应急资源不足时则可通过相应的联动机制，直接从离疫区最近的政府储备网点调拨使用。此外，管理部门还要根据当地动物疫病预警预测信息进行研判，及时调整储备物资的品种和数量，既要统一物资的性能和质量标准，又要拓宽物资的生产和供应渠道。

（三）基础设施和科学技术储备

1.基础设施储备

首先，要加快完善各级冷链系统，省、市、县、乡镇均要配备与疫苗储藏和运输相适应的设备设施，保证疫苗能按要求进行储藏和运输，确保疫苗的质量。

其次，整合现有资源，合理布局动物疫病防控研究与检测实验室平台，加强国家外来动物疫病中心、重点动物疫病专业诊断实验室和食源性微生物检测实验室建设，设立各类特定功能的兽医实验室，并通过各种方式将兽医科研力量吸纳到一线工作队伍中，以资源共享的方式直接承担动物疫病、病原耐药性和食源性监测分析等工作，促进科学技术向乡村、市场、屠宰场等基层延伸，逐步形成覆盖全国的兽医实验室网络。还要进一步充实、完善动物疫病监测预警的各种设施、设备和条件，重点是加强省级兽医实验室和国家动物疫情测报站的建设，力争省级实验室建设标准达到生物安全3级，国家动物疫情测报站标准全部达到生物安全2级，确保能对各地发生的重大动物疫病及时做出诊断和监测。最后，还应将物资储备基础设施建设纳入国家配套项目建设规划。重点加强省级单元储备库的建设，尤其是加大对边疆和西部省区的建设力度，在优先保证改善冷链运输系统的基础上，逐步对地市以下单元储备库其他功能进行补充和完善。此外，在建设总体布局上，要充分考虑“边、散、远”地区的存储与运输困难，通过资料分析和实地调研来统筹安排储备库的数量和规模，并建立以信息及数据分析作为支持的物资储备信息平台，实现应急资源的区域化管理和联动共享机制。

2.科学技术储备

基于目前我国重大动物疫情应急管理的现状，国家应加强重大动物疫病的基础性和应用性研究，增强基础科学和应用性研究的投入力度，建立健全动物性疾病、人兽共患病和应急管理等相关领域的基础性研究中心和综合性科研基地。一方面，国家相关部门要加强对国内外动物疫病流行状况的研判，科学评估外来疫病的传入风险，大力推动动物疫病和动物源性传染病发病规律等基础研究、重要疫病预警预报等监测研究、快速诊断和高通量检测试剂的研发及标准化以及新型治疗性或预防性疫苗和兽医药品的开发和推广，加强国际协作和交流，组织专家及时研究应对措施，全力做好技术储备工作；另一方面，要以国家科研项目立项的形式进行重大动物疫病防控和应急管理的衔接性和跨学科研究，加快应急平台技术研究和应用，组织多学科、多部门的专家协作开展疫情应急预警与风险评估技术研究、国外应急管理策略和技术跟踪研究以及应急管理体系建设、应急心理救济与行为、动物疫情信息获取及分析应用、复杂条件下应急决策等一系列科学问题的研究。

（四）应急队伍储备

专业队伍建设是提升我国重大动物疫情应急反应能力的关健。根据《重大动物疫情应急条例》建立应急预备队制度，对应急预备队的建立、任务、人员组成等做了明确规定。其中初步将官方兽医、执业兽医、乡村兽医和村级动物防疫员四支队伍确立为符合我国国情的重大动物疫情应急预备队伍的组织力量保证，今后还要考虑将军队兽医人员吸收进来。应急预备队伍素质建设是当前应急队伍储备工作的核心工作。就近期工作而言，应尽快完善应急培训制度并有计划地组织落实。按照分级负责、逐级培训的方法，利用3～5年的时间，通过中央和地方联动协作的形式全面落实对各级重大动物疫情应急预备队的管理人员和技术人员的培训和考核工作，切实提高应急预备队伍的整体素质。从长期打算来看，各级政府还要形成基层应急预备队在编人员待遇保障和激励奖惩的长效机制以及建立健全应急预备队候选人员资格认可制度，首要保证应急预备队伍的专业性和稳定性，逐步实现应急预备队伍的年轻化、知识化和信息化，吸收更多的年轻力量充实到基层单位。

第八章　畜牧养殖场环境监测系统的发展与设计

第一节　养殖场监控管理系统的发展及关键技术

一、养殖场监控管理系统的发展

目前，动物疫病防控和畜牧产品生产的安全问题是国际社会高度关注的热点问题。由于畜牧疾病复杂多变、畜牧产品流通频繁、畜牧饲养方式落后、养殖场管理不科学等众多因素，动物性食品安全事件频频发生。例如，动物性结核病、疯牛病等恶性食源性公共卫生危机在全球范围内频繁发生，畜流感、各种高致病性禽流感等烈性人畜共患病在一些国家和地区反复发生，这些疫病不仅对人类健康造成了严重危害，而且对一个国家和地区的经济社会发展也造成了严重威胁。

我国是畜牧养殖和畜牧产品消费大国，动物类食品在人们的食物结构中所占比例越来越大，消费者对动物类食品的安全性也有了更高的要求。畜牧养殖卫生和畜牧产品安全问题已成为政府、食品企业及消费者高度关注的焦点问题。规范畜牧养殖行为，预防和控制重大畜牧疫病，提高畜牧卫生监管水平，保障畜牧产品质量安全是现代畜牧养殖产业势在必行的变革。对畜牧产品的养殖阶段进行有效的监管，也就成为当务之急。

近年来，我国规模化养殖业蓬勃发展。随着养殖规模越来越大，集约化程度越来越高，信息与自动化的现代管理技术显得越来越重要。随着网络信息技术的快速发展，养殖场信息化需求越来越迫切，而已有的物联网、互联网技术远远不能满足目前更加深入、更加复杂、更加智能的应用需求，基于“移动智能终端”的监控管理平台在此背景下应运而生，为养殖场信息化的发展提供了前所未有的机遇。在养殖场信息化中引入物联网技术，全面推进养殖场信息化建设的步伐，通过WSN网络、RFID技术、M2M技术等应用，依托移动无线网络（GPRS，5G等）和互联网（Internet）的无缝连接，将底层的传感器、视频监控等设备整合起来，形成一个具有智能感知、远程控制的监控系统，实现对养殖场“全面感知、无线传输、智能处理”的信息化管理。同时，用户可通过智能手机、电脑、PAD等智能终端随时随地查询养殖场的环境信息、动物的生长状况，不再受时间、空间的限制。另外，当现场有异常情况发生时，系统自动给绑定的手机发送报警信息。物联网、互联网、移动智能终端等关键技术的应用改变了粗放的养殖业经营管理方式，提高了养殖业生产效率及畜牧产品产量，加快了养殖业现代化进程，使“手机也能养鸡”的愿望成为现实，使“运筹帷握，决胜千里”的管理理念变为可能。

除此以外，报纸、电视、广播、互联网都是养殖业信息化的监控方式，各种方式各有所长、可以互补，还能相互促进。但手机与其他监控方式对比具有及时性优势、分众优势、成本优势而且普及率高、送达效率高，能更好地满足养殖业信息对地域性、时效性、针对性的需求，是实现养殖业信息化管理的最便捷方式。

当前，随着科技生产力的不断提高，硬件成本越来越低。手机在中国已经普及。近年来，智能手机随着Android，IOS等移动操作系统的兴起也得到了普及，手机作为第一大上网终端的地位也更加稳固。移动互联网技术的不断发展，手机制造工艺的不断提高，现在的智能手机已经相当于个人PC，许多PC功能都能在手机上实现，如手机炒股、购物、办公等，同时手机的便携性和用户体验性均已超过台式电脑和平板电脑，所以各种手机监控软件大量出现在手机平台中。智能手机凭借其便携、智能等特点在养殖业信息化发展中得到了越来越广泛的应用。利用本平台，用户可以通过手机与养殖场现场控制终端相配合，从而实现完整的远程无线监控系统。通过本平台可以实时监测养殖场温度、湿度、二氧化碳浓度、通风情况等多种环境数据，依托移动无线网络（GPRS，4G等）将数据存入监管平台；同时，管理平台通过短信推送、邮件通知等方式将整合后的统计信息、指导信息、警报等实时发送给用户，用户也可通过移动终端随时随地查询养殖场的环境信息，实时视频监控现场，并及时做出相对应的调节。另外，当生产现场有异常情况发生时，系统自动给绑定的手机发送报警信息，提醒农业生产者及时采取相关措施。

二、关键技术

（一）物联网感知应用技术

在一体化养殖场信息监控管理平台中，处于三层架构中最底层的是感知层，它是由传感器和部分与传感器连成一体的传感网组成的。

从广义上来说，传感器是把各种非电量转成电量的装置，非电量可以是物理量、化学量、生物量等。传统的、狭义的传感器种类有很多，也有很多种分类方法，如可分为有源和无源两大类。有源传感器将非电量转换为电量，无源传感器不起能量转换作用，只是将被测非电量转换为电参数的量。两大类传感器又可以做进一步的细分，如生物传感器、压力传感器等。在监控管理平台里，感知层主要用于生产环节的监控，采用的传感器最主要有湿度传感器、温度传感器、红外传感器、光敏传感器，以及视频监控器。

感知层除数据采集部分外，还包括数据短距离传输部分，即首先通过传感器、摄像头等设备采集外部物理世界的数据，然后通过工业现场总线、红外线、Wi-fi、蓝牙、ZigBee等短距离有线或无线传输技术协同工作将数据传递到网关设备。

近年来，无线传感器网络（WSN）这种新型的获取信息的技术逐渐展现了其低成本与低功耗的优势，使得这种网络的大规模应用成为可能。微型无线传感器节点综合了无线通信技术、分布式信息处理技术、嵌入式计算技术和传感器技术，能适应恶劣的工作环境，将传感器随机分布后通过无线通信实现自治，形成分布式的自治系统，共同获取周围环境的参数，协同完成任务。无线传感器网络具有能在恶劣环境下工作、远程监控、实时检测等众多优点，已经被列为对人类未来的生活产生深远影响的十大新兴技术之首。

ZigBee技术是一种短距离无线通信技术，具有统一的技术标准。近年来逐渐成为组建无线传感器网络的首要选择。其PHY层和MAC层协议基于IEEE802.15.4协议标准，网络层协议由ZigBee联盟制定，应用层可以根据用户的需求进行开发，可以实现多种网络，如家庭自动化、智能交通、智能建筑、环境检测等，具有十分广阔的前景。

（二）基于Android的客户端开发

Android操作系统是一种主流的移动终端开发平台，其内核基于Linux，除内核之外，由中介层、数据库元和用C/C+编写的API以及应用程序框架组成。Android的应用程序通常以Java数据库元为基础编写，运行程序时，应用程序的代码会被实时转变为Dalvik dexcode（Dalvik Executable）， Android操作系统通过使用实时编译的Dalvik虚拟机来运行。

Android开发中主要使用Java语言，在底层架构上有一些部分需要使用C++语言。Android程序开发主要基于Activity类，Android程序是多个Activity的综合。Activity等同于J2ME的MIDIet，负责创建界面窗口，Android应用程序的前景界面即为其活动的Activity，在后台执行的程序成为Service。Activity与Service之间通过Service Connection与AIDL通信，如果一个活动的Activity全部被其他Activity代替，则该Activity将被终止或者清除。

Android程序的生命周期是由系统控制而非程序自身控制，程序都有其独立的进程，当一个程序的整体或者部分被调用时，这个程序的进程就产生了，当这个程序被用户或者系统终止后，系统会将这个进程的内存进行回收，这个进程即消失。

一个活动的生命周期有三种基本状态：激活、暂停与停止，可以调用相应的方法来通知活动状态的改变。这些方法定义了活动的整个生命周期。

（三）数据库优化与分区原理

1.数据库优化

数据访问是支撑系统业务的接口，是系统后台提供服务的重要保障，数据访问必须保证以下几点需求。

（1）快速响应

随着系统数据采集点数量与接入客户端数量的增长，以及采集数据的积累，数据管理平台的负荷将越来越大，大量的数据访问请求对网络带宽以及服务器的性能是一个严峻的考验。在此过程中，需要大量地对数据进行写入、读取操作，此时，数据管理平台只有保持高性能才能及时响应数据访问的需求。

（2）高可靠性

养殖环境的数据监控以及数据管理必须保持全天24小时不间断，所以数据访问必须具有高可靠性。一旦数据无法进行访问，将无法提供数据访问服务，使所有应用无法获取数据，造成系统的瘫痪。

（3）多平台访问

随着移动互联网的发展，移动智能终端设备数量日渐增多，移动平台已经成为应用的主要平台。由于移动智能终端根据操作系统又划分为多个产品系列，所以系统的数据访问不仅要支持传统的PC机，同时也要支持基于各种操作系统的移动设备。

数据管理平台采用MySQL数据库保存采集的环境信息，为防止MySQL出现性能瓶颈，有必要对MYSQL进行优化。通常来说，MYSQL的优化从以下几个方面着手：

第一，架构优化和索引。对设计不佳的架构或索引进行优化能把性能提高几个数量级。如果需要高性能，就必须为运行的特定查询设计架构和索引，还要评估不同类型查询的性能需求，因为更改某个查询或架构的某个部分会对其他部分造成影响，所以优化通常需要权衡取舍。其次是利用MySQL提供的性能查看工具，如EXPLAIN查看SQL语句的性能，优化性能消耗较大的SQL语句。

第二，查询性能优化。糟糕的SQL查询语句会对整个应用程序的运行产生严重的影响，不仅消耗更多的数据库时间，而且会对其他应用组件产生影响。查询优化的基本原则要优化数据访问。因为有些查询语句查询了过多的行或列，而很多行或列的数据并不是查询语句本身需要的。优化的方式主要有缩短查询、分解联结、查询缓存等，对一些特殊的操作如JOIN LIMIT也会有一些特定的方法。

第三，优化MySQL配置。MySQL的默认配置不适用于大量资源的使用，因为其通用性很高，通常不会假设机器上只安装MySQL。在默认的情况下，配置文件只够启动MySQL并对少量的数据运行简单地查询。如果有较多的数据，那么肯定需要对配置文件进行定制。如内存使用量，单个连接内存使用MyISAM键缓存等进行定制。提升的具体程度取决于工作的负荷，可以通过选择合适的配置参数得到两到三倍的性能提升。

第四，操作系统和硬件优化。MySQL运行于操作系统之上，所以它的操作系统和硬件也会成为其性能的限制因素。磁盘大小、可用内存、CPU资源、网络和连接它们的组件都会影响MySQL的性能。因此对内存、CPU、线程的有效管理都可以提高MySQL的性能。

2.数据库分区

数据库分区技术，可以防止因数据过于庞大造成的系统性能降低。数据库分区是一种物理上的数据库设计技术，其最主要的功能是为了减少每一次SQL操作时需要去读写的数据总量，从而缩减数据库的响应时间。分区的形式主要有两种，即水平分区和垂直分区。水平分区是指对表的行进行分区，垂直分区即通过对表的垂直划分来减少表的宽度。

从5.1版本开始，MySQL开始支持大部分的水平分区方式，包括Range模式（将数据划分不同范围）、Hash模式（通过对表的一个或多个列的Hash Key计算出的Hash码的不同数值，对对应的数据区域进行分区）、Key模式（Hash模式的一种延伸）、List模式（通过定义列表的值所对应的行数据进行分割）、Composite模式（以上模式的组合使用）。

在对数据表进行分区之后，逻辑上还是一张表，但实际上已经把插入的数据分到了各个分区表中。当一个分区损坏后，不影响其他分区的数据。在进行数据扫描时，如果MySQL知道要查询的数据在哪个分区，就可以直接去扫描所在分区而不需要再去扫描其他区域，可节省很多时间。例如，将一个一百万行的表平均划分为几个分区，那么查询一个分区需要的时间远比查询全表少，并且针对一个分区的数据建立索引所需要的时间也远比百万行的表少，性能上得到了明显的提升。同时，数据分区也能简化数据管理，减少DBA的工作量，当DBA删除其中一个分区的内容时，MySQL系统能保证其余数据的完整性。

第二节 畜牧养殖场环境监测系统的设计

考虑到畜牧养殖场监测范围较广，监测点较多，在保证监测环境数据的准确性和可靠性的情况下，低成本也是本次系统设计必须考虑的重要因素之一。根据养殖场监测点分布集中的特点，提出如下基于ZigBee-Linux的嵌入式畜牧养殖场环境监测系统设计方案。

一、ZigBee近距离无线组网通信技术

（一）ZigBee设备类型

ZigBee设备按逻辑可划分为协调器（Coordinator）、路由器（Router）和终端设备（End-Device），一个典型的ZigBee网络是由一个协调器节点、一个路由器节点（可无）和若干个终端节点组成。

协调器：协调器是整个ZigBee网络的组建者或者启动者，它负责启动和配置整个ZigBee网络，搜寻可用的信道和一个网络，让ZigBee路由节点和终端节点加入由它选择的信道中，分配给这些子节点网络地址，配置相关参数，然后启动网络。

路由器：路由器的主要工作是允许其他设备加入网络并且作为信息中转站传递数据给协调器节点或终端节点。路由器有时也可看作终端节点，在树型网络拓扑结构中，路由器可处于周期性工作中，定时开关，节约电能，这样就可由携带方便的电池供电。但在星型网络和网状网络中，路由器节点必须长期处于工作状态中，这样就必须由主电源供电。

终端设备：终端设备不负责组建和配置网络，它的主要责任是搜集传感器采集的数据转发给上一级。当终端设备启动时主动搜寻可加入的网络，加入成功后等候协调器或路由器发出的采集命令，接收命令后开始工作。一般终端设备是处于休眠和唤醒的状态，可由电池供电。

（二）ZigBee网络协议栈框架

ZigBee网络协议栈按层次可分为四大层：由IEEE 802.15.4制定的物理层（PHY，Physical Layer）和媒体访问控制层（MAC，Medium Access Control Layer），由ZigBee联盟制定的网络层（NWK，Network Layer）和应用层（APL，Application Layer），严格意义上来说还须加上安全服务（Security Service）。每一层通过上下层之间的服务接口和数据接口联系，顺利完成该层的任务并为上下层提供服务和数据。

物理层（PHY）：物理层是整个ZigBee协议栈的最底层，也是与硬件最接近的一层，它也是与信号发射接收器联系最直接的一层。它负责激活数据包的发射和接收，选择可用信道，链路质量指示以及物理层属性参数的获取和设置。

不同的设备是通过物理层包（PHY Packet）来交流的，物理层包主要用来传递数据和命令，它的结构一般由三部分组成，分别为同步头（SHR，Synchronization Header）、物理头（PHR，PHY Header）和物理负载（PHYPayload）。当发送一个包时，同步头首先发送出去，使接收器同步并且锁定数据比特流。物理头主要是包含了包的相关信息属性，比如数据长度。最后发送出去的是物理负载，它是由其上层提供的，主要包含上层给下层发送的数据或命令。

媒体访问控制层（MAC）：媒体访问控制层是整个协议栈的第二层，它定义了PHY层和网络层与MAC层之间交流的接口，并提供了MAC层数据服务和MAC层管理服务。同时，MAC层也负责使网间设备同步工作于信标模式，相应地提供了协调服务和非协调服务。

MAC框架结构主要由信标框架、数据框架、确认框架和MAC命令框架组成。信标框架作为一个协调器主要用来传递信标（信标的作用为同步处于同一网段设备的时钟），数据和确认框架主要是用来传递数据，MAC命令框架，顾名思义，它是用来传递MAC层命令。

网络层（NWK）：网络层处于MAC层和应用层之间，主要是用来管理网络信息和路由的。当设备是协调器或者是路由器时，该层负责建立新的网络，选择网络拓扑结构，并且负责发现信息传递路径。如果是终端设备，该项功能则不能实现。

应用层（APL）：应用层是整个协议栈的最顶层，是各种应用对象开发的一层，理论上一个单独设备可以支持240种应用对象，而应用对象可以控制和管理各个协议层。

安全服务（Security Service）：在一个无线网络里面，任何一个具有接收能力的设备都能够接收传递的信息，这其中包括入侵者。所以信息安全问题成了无线传输领域的一项不可忽略的问题。目前主要有两种方法，第一，信息加密法。在信息未发送前通过加密算法给信息加密后再发送出去，即使入侵者截获了信息，也无法在短时间及时解密，IEEE 802.15.4标准支持使用先进加密标准（AES，Advanced Encrypting Standard）去加密发送的信息。第二种是利用信息完整代码（MIC，Message Integrity Code）的手段处理可能被入侵者改变原信息再发送出去的信息。一种主流安全约束方法是在ZigBee网络中使用有限资源的设备，比如低速率、低计算力、低内存的设备，当某设备节点被非法获取，对方极易从设备内存中获取敏感信息，但使用抗干扰节点就可以解决这种问题，当检测到干扰产生时该节点会自动删除内存中的敏感信息。

（三）ZigBee网络拓扑结构

全功能节点（Full Function Device FFD）和精简功能节点（Reduced Function Device，RFD）是ZigBee网络中的两种基本物理结构设备。其中，FFD节点能够支持任何类型的拓扑结构，通常作为网络协调器或路由器，能和任何设备通信。RFD则只能作为网络的终端节点，负责本地信息收集和数据处理，不能成为网络的协调器或者路由，只能和FFD节点通信，RFD节点之间不能相互通信，其软硬件实现相对比较简单。协调器节点是整个ZigBee网络的核心，负责建立网络并向下发送网络地址。路由器节点是网络中的一个无线收发器，负责搜索并加入网络，并且负责给加入路由器的终端节点分配网络地址。终端节点可以是FFD节点或者RFD节点，它是网络中最简单的节点，没有特定的维持网络结构的责任，它可以休眠或者被唤醒。

实际上IEEE 802.15.4规定了两种网络拓扑结构：星型网络结构和对等网络结构。在星型网络结构中，局域网协调器是整个网络的建立者和控制者，每一个设备都只能与协调器联系，除协调器外的设备节点不能互相联系。一种典型的情况如下：一个全功能设备（FFD）被程序定义为了协调器节点，它负责激活并建立它自己的网络，首项工作就是要选择一个附近范围内未被别人使用的信道，也可以说成是个人局域网识别标志（PAN identifer）。当网络建立好之后，精简功能设备（RFD）搜索周围可加入的网络，加入成功后，由协调器分配给其网络地址，开始工作。星型网络是一种最常见的拓扑结构，也是一种最简单的结构，一般适用于网络覆盖范围较小，终端节点数量不多的情况，稳定性较高。

对等网络拓扑结构可以被分为两种常见的类型：簇形（或树型）网络结构和网状网络结构。网络中的每一个设备都可以互相联系，不需要经过中转节点。网络中的全功能节点（FFD）都可以担当协调器的角色。在ZigBee网络中，能够转播信息的节点必须是全功能节点（FFD对于精简节点（RFD）则没能力转播，只能够与规定的全功能节点联系，这是由其硬件结构和软件功能决定的。

簇型（树型）网络结构是对等网络结构的一种形状类型，协调器负责配置网络参数并建立启动网络，路由器则是为了辅助协调器扩展网络，是网络分支的一个主节点，网络采用分级路由策略，协调器节点利用这些路由节点传送数据和命令。而终端节点充当了叶子的角色，不转播数据和信息，只负责传送采集的数据给其上层节点。簇型（树型）网络结构是在星型网络的基础上扩展来的，不但保持了星型网络的简单性，而且扩展了网络的覆盖面，但路由节点的数量有限制，不能无限地扩展下去，稳定性较星型网络低一些。总的来说，该网络结构扩展性高，稳定性较高，是星型网络在规模上的扩展类型。

网状网络是对等网络结构的另一种无资源无范围限制的形状类型，可以大范围地扩展，它是一种自由拓扑，环境适应能力很强，该网络中的每一个路由节点都有重新选择最优化路径的能力。该网络结构较之前两种拓扑形状，网络结构更加复杂，网络拓扑经常由于环境的变化处于动态变化中，虽然能保证网络的稳定性，但是信息的传播完全依赖于瞬时的网络连接质量，传输质量不可预计。

由于畜牧养殖场内舍区的分布情况非常规整，每个舍区之间的距离也较近，考虑到网络稳定性、数据传输质量和及时性等方面因素，在综合分析上述三种拓扑结构后，本监测系统采用星型网络拓扑结构组建畜牧养殖场环境监测系统的数据采集传输。

二、GPRS远程信息传输网络

GPRS（General Packet Radio Service，通用分组无线业务）是在现有的GSM移动通信系统基础上发展起来的一种移动分组数据技术。GPRS网络主要有以下特点。

由于GPRS采用分组交换技术，一旦网络连接成功，便可提供永远在线的网络服务，保证了良好的数据传输。

GPRS网络采用的是按流量计费的方式，即用即付，可以提供包月服务。GPRS网络技术虽然结构复杂，但是其大容量系统特性决定了它的发展潜力和应用会有很广的空间。目前国家4G网络已经基本构建完成，5G技术正在发展，未来的系统的性能会得到更大程度的发展。

三、嵌入式操作平台

随着社会发展的需求，微型控制器在工业、农业、商业、消费电子等行业中的地位越来越受到人们的重视，作为微型控制器的典型代表，嵌入式微型处理器、嵌入式操作系统的发展越来越趋于成熟，经过几次大的变革创新，嵌入式系统从开始时的工控类型如SCM单片机到实时性的MCU再到SoC片上系统，最后迎来了具有操作系统的嵌入式处理器以及基于远程网络云端的嵌入式系统几大阶段的发展。各类嵌入式产品在各行各业发挥着不可替代的作用。

（一）ARM微处理器

近几年，由于ARM在技术上已臻成熟，在对性能要求稍低的产品研发中占有比较大的市场份额。虽然ARM系列具有与ARMS类似的功能和结构，但在性能扩展上强于ARMS，在信息处理速度和外围设备接口等方面都有很大提升，ARM不但具有ARMS内存管理单元和Cache，而且支持更多的接口以供实际需求扩展应用。

（二）嵌入式操作系统

面对日益繁杂、多任务、多复杂度的进程需求，对多任务的处理在保证实时性的同时还必须协调好与其他任务之间的调度关系，这就要求处理器必须具备操作系统的属性。嵌入式操作系统比桌面型系统具有更小的内核，能自由裁剪、可定制。如今，随着嵌入式系统的发展，市场上已经出现大批针对嵌入式系统的操作系统，比较常见的主要有以下几种。

VxWorks操作系统。具有实时、稳定、可裁剪及高可靠等特性，用户可以根据需要对系统进行定制。这款系统被广泛应用于美国军方、航空航天等行业，是占据着最大市场份额的嵌入式操作系统。

DOS/OS操作系统。这是一款开源的嵌入式操作系统，整个系统的大部分代码采用C语言开发，属于一种优先级的抢占式多任务实时操作系统，具有较高的移植性、维护性等特性。

Windows操作系统。支持.NET Compact Framework，也即可以让不同语言编写的程序可以在不同的硬件上执行。此系统除了具有强大的多媒体能力和丰富的资源，还适用于智能手机、掌上电脑、汽车电子等产品终端。Windows CE操作系统开发较容易，但是只有部分核心代码是开源的，对开发队伍的专业素质要求较高。

Linux操作系统。其最大特点就是代码完全开源，任何人都可以通过论坛、社区等途径免费获取源代码，并按自己的需要对源代码进行添加删除。Linux操作系统的独特优势主要有如下几项：Linux操作系统源代码完全开源，提供多种技术资源和文档，获取方便，遵循GPL协议，就可以自由使用和发布；Linux操作系统采用内核模块化设计，用户可以自由地对内核模块等设备文件按需加载卸载，极大地减小了硬件资源，提高了灵活性和稳定性；Linux操作系统具有丰富的驱动程序，性能优越、移植性好，能在通用平台上进行开发，非常适合在嵌入式领域中应用；Linux操作系统内部集成了TCP/IP协议，支持IPv4和IPv6网络功能，并提供满足嵌入式界面开发的完善的GUI；Linux操作系统支持7种工作模式，可以使用户空间和内核工作于不同模式，分开处理不同事物，一旦用户模式下的某个进程出现异常不会导致内核空间的异常，系统的稳定性和可靠性大大提高。

基于以上原因对各个嵌入式系统做比较选型，监测系统选择了Linux内核的Linux-3.0-rc6版本作为ARM硬件平台的嵌入式操作系统。Linux-3.0-rcE版本内核在此前各种版本的基础上添加了更多的驱动支持，可以扩展更多的应用接口，并且在实时性和稳定性方面都做出提高和改善，非常适合本监测系统数据传输方式、采集和处理的需要。

四、监测系统总体方案设计

畜牧养殖场环境监测系统分为三大部分，第一部分即现场数据采集部分，由ZigBee终端节点RFD（精简功能设备）和ZigBee协调器FFD（全功能设备）组成。ZigBee协调器负责组建星型网络，ZigBee终端节点布置在各个舍间并申请加入该网络，协调器分配好网络ID设备地址并初始化后RFD开始采集数据传输给协调器，后者负责处理和转运这些数据。第二部分即现场数据处理部分由ARM 11嵌入式开发板和GPRS DTU模块及相关软件外设配件组成，主要负责接收协调器通过串口传输过来的环境数据，并将这些数据导入嵌入式数据库sqlite3和Qt应用界面并实时地显示到对应的窗口中，并通过GPRS DTU模块定期将数据打包通过网络发送给远程监测中心。第三部分为远程监测中心，其主要负责通过网络接收各个ARM 11模块发送的数据，将这些数据按区间分别保存到数据库SqlServer内，并统一显示到监测界面。

基于智能终端的养殖场监控系统能将养殖场内的温度、湿度、二氧化碳浓度、通风情况等信息实时、准确地送达到数据管理平台，用户可以通过移动智能终端访问平台，随时监控数据变化，还能根据情况下达环境因子调控指令，保证养殖现场环境适宜，增加养殖收益。该系统还支持移动智能终端访问的视频监控系统，使用户能实时获取养殖场内的图像，接收异常情况警报信息，减少养殖过程中的风险。

结束语

随着我国社会的快速发展，必须加快农业技术创新的流通。农业产业化要以农业大国为切入点，充分发挥农业生态系统的整体功能，结合先进科技的发展，不断提高科技对农业的支持能力；寻找解决办法，统筹规划，调整和优化农业结构，运用先进科学技术，培养农业科技人才，这些是克服农业发展困难的最佳途径。

畜牧业设备设施、信息化、生态化、生物化技术等因素不是单独发挥作用的，而是互相起着渗透作用。畜牧业现代化需要由较高的科学素养的人来进行管理及实施，为了更好地促进畜牧业现代化发展，需要从设施、信息化、生态化、生物化技术等方面进行不断推进，让畜牧业现代化来保障社会及人们的安全，并使其得到很好的应用。

参考文献

[1]贠海霞.浅谈畜牧业的发展与环境污染[J].甘肃畜牧兽医，2022，52（1）：21-23.

[2]孙维维.辽宁畜牧业发展问题及改良方案[J].兽医导刊，2022（3）：204-205.

[3]伍发辉.达川区畜牧业发展思路及举措[J].四川畜牧兽医，2022，49（1）：16-17.

[4]万玛吉，丁考仁青，李鹏霞，马登录，刘汉丽，毛红霞，赵君，才让闹日，石红梅.科技示范在草原畜牧业发展中的引领作用[J].畜牧兽医杂志，2022，41（1）：33-35.

[5]郝翊妃.历史发展对畜牧业科技进步的促进意义——评《中国畜牧业发展与科技创新》[J].中国饲料，2022（1）：154.

[6]张琰."互联网+"在农业栽培技术推广中的作用与发展前景[J].种子科技，2021，39（23）：139-140.

[7]向辉，胡茂良.加快山区畜牧业发展的思路与对策[J].山西农经，2021（23）：156-158.

[8]张艳平.促进草原生态畜牧业发展的策略[J].饲料博览，2021（11）：63-64.

[9]杨文瑾.县域畜牧业发展存在问题及未来指向初探[J].畜牧兽医杂志，2021，40（6）：126-127.

[10]宁红玉.林区金融支持畜牧业发展的调查与思考[J].黑龙江金融，2021（10）：37-38.

[11]李雪霏，张运运.高产高效农业栽培技术措施分析[J].河南农业，2021

（29）：22–23.

[12]王春明.农业栽培技术对小麦品质影响的相关分析[J].农业开发与装备，2021（9）：172–173.

[13]管其锋.农业栽培技术对小麦品质的影响[J].中国农业文摘–农业工程，2021，33（5）：88–91.

[14]曾祥丹.农业栽培技术对小麦品质的影响及相关策略[J].智慧农业导刊，2021，1（13）：23–25.

[15]周睿.浅谈高产高效农业栽培技术措施[J].农家参谋，2021（12）：32–33.

[16]粟泽荣.立体农业栽培技术类型及改善建议[J].乡村科技，2021，12（16）：52–53.

[17]周睿.浅谈高产高效农业栽培技术措施[J].农家参谋，2021（9）：59.

[18]马之平.高产高效农业栽培技术存在问题及发展措施[J].世界热带农业信息，2021（4）：10–11.

[19]徐桂平，张华升.绿色农业栽培技术推广存在的问题及策略研究[J].农业技术与装备，2021（4）：112.

[20]李显歌.高产高效农业栽培技术措施分析[J].新农业，2021（3）：7–8.

[21]陈雪芳.农业栽培技术推广应用探究[J].种子科技，2021，39（2）：125–126.

[22]邱潍坊.农业栽培技术在观光农业中的应用[J].农村实用技术，2020（11）：127–128.

[23]王学芳.高产高效农业栽培技术措施分析[J].广东蚕业，2020，54（9）：66–67.

[24]艾会暖.设施农业蔬菜栽培技术[J].农业开发与装备，2020（5）：212.

[25]曹友亮.浅谈高产高效农业栽培技术措施[J].农家参谋，2020（16）：14.

[26]张树弟.绿色农业栽培技术推广存在问题及策略研究[J].农家参谋，2020（11）：39.

[27]霍学立.农业栽培技术对小麦品质影响的分析[J].农家参谋，2020（7）：52.

[28]董元仓.农业栽培技术在观光农业中的应用[J].江西农业，2020（4）：38.

